油茶产业应用技术丛书

U0215547

油茶病虫害防治技术

周国英 刘君昂 颜 华 李 河 何苑皞 编著

中国林业出版社
China Forestry Publishing House

图书在版编目（CIP）数据

油茶病虫害防治技术 / 周国英等编著. -- 北京：
中国林业出版社，2020.9
（油茶产业应用技术丛书）
ISBN 978-7-5219-0795-7

Ⅰ.①油… Ⅱ.①周… Ⅲ.①油茶－病虫害防治
Ⅳ.①S763.744

中国版本图书馆CIP数据核字（2020）第175185号

中国林业出版社·自然保护分社（国家公园分社）
策划编辑：刘家玲
责任编辑：刘家玲　宋博洋

出版	中国林业出版社（100009　北京市西城区德内大街刘海胡同 7 号）
	http://www.forestry.gov.cn/lycb.html　电话：（010）83143625　83143519
发行	中国林业出版社
印刷	河北京平诚乾印刷有限公司
版次	2020 年 12 月第 1 版
印次	2020 年 12 月第 1 次印刷
开本	889mm×1194mm　1/32
印张	3.75
字数	115 千字
定价	25.00 元

《油茶产业应用技术丛书》
编写委员会

序言一

　　油茶原产中国，是最重要的食用油料树种，在中国有2300年以上的栽培利用历史，主要分布于秦岭、淮河以南的南方各省（自治区、直辖市）。茶油是联合国粮农组织推荐的世界上最优质的食用植物油，长期食用茶油有利于提高人的身体素质和健康水平。

　　中国食用油自给率不足40%，食用油料资源严重短缺，而发展被列为国家大宗木本油料作物的油茶，是党中央国务院缓解我国食用油料短缺问题的重点战略决策。2009年国务院制定并颁发了中华人民共和国成立以来的第一个单一树种的产业发展规划——《全国油茶产业发展规划（2009—2020）》。利用油茶适应性强、是南方丘陵山区红壤酸土区先锋造林树种的特点，在特困地区的精准扶贫和乡村振兴中发挥了重要作用。

　　湖南位于我国油茶的核心产区，油茶栽培面积、茶油产量和产值均占全国三分之一或三分之一以上，均居全国第一位。湖南发展油茶产业具有优越的自然条件和社会经济基础，湖南省委省政府已经将油茶产业列为湖南重点发展的千亿元支柱产业之一。湖南有食用茶油的悠久传统和独具特色的饮食文化，湖南油茶已经成为国内外知名品牌。

　　为进一步提升湖南油茶产业的发展水平，湖南省油茶产业协会组织编写了《油茶产业应用技术》丛书。丛书针对油茶产业发展的实际需求，内容涉及油茶品种选择使用、采穗圃建设、良种育苗、优质丰产栽培、病虫害防控、生态经营、产品加工利用等油茶产业链条各生产环节的各种技术问题，实用性强。该套技术丛书的出版发行，不仅对湖南省油茶产业发展具有重要的指导作用，对其他油茶产区的油茶产业发展同样具有重要的参考借鉴作用。

　　该套丛书由国内著名的油茶专家进行编写，内容丰富，文字通俗易懂，图文并茂，示范操作性强，是广大油茶种植大户、基层专业技术人员的重要技术手册，也适合作为基层油茶产业技术培训的教材。

　　愿该套丛书成为广大农民致富和乡村振兴的好帮手。

张守攻

中国工程院院士

2020年4月26日

序言二

习近平总书记高度重视油茶产业发展，多次提出："茶油是个好东西，我在福建时就推广过，要大力发展好油茶产业。"总书记的殷殷嘱托为油茶产业发展指明了方向，提供了遵循的原则。湖南是我国油茶主产区。近年来，湖南省委省政府将油茶产业确定为助推脱贫攻坚和实施乡村振兴的支柱产业，采取一系列扶持措施，推动油茶产业实现跨越式发展。全省现有油茶林总面积 2169.8 万亩，茶油年产量 26.3 万吨，年产值 471.6 亿元，油茶林面积、茶油年产量、产业年产值均居全国首位。

油茶产业的高质量发展离不开科技创新驱动。多年来，我省广大科技工作者勤勉工作，孜孜不倦，在油茶良种选育、苗木培育、丰产栽培、精深加工、机械装备等全产业链技术研究上取得了丰硕成果，培育了一批新品种，研发了一批新技术，油茶科技成果获得国家科技进步二等奖 3 项，"中国油茶科创谷"、省部共建木本油料资源利用国家重点实验室等国家级科研平台先后落户湖南，为推动全省油茶蓬勃发展提供了有力的科技支撑。

加强科研成果转化应用，提高林农生产经营水平，是实现油茶高产高效的关键举措。为此，省林业局委托省油茶产业协会组织专家编写了这套《油茶产业应用技术》丛书。该丛书总结了多年实践经验，吸纳了最新科技成果，从品种选育、丰产栽培、低产改造、灾害防控、加工利用等多个方面全面介绍了油茶实用技术。丛书内容丰富，针对性和实践性都很强，具有图文并茂、以图释义的阅读效果，特别适合基层林业工作者和油茶生产经营者阅读，对油茶生产经营极具参考价值。

　　希望广大读者深入贯彻习近平生态文明思想，牢固树立"绿水青山就是金山银山"的理念，真正学好用好这套丛书，加强油茶科研创新和技术推广，不断提升油茶经营技术水平，把论文写在大地上，把成果留在林农家，稳步将湖南油茶产业打造成为千亿级的优质产业，为维护粮油安全、助力脱贫攻坚、助推乡村振兴作出更大的贡献。

胡长清

湖南省林业局局长

2020年7月

前 言

　　湖南位于我国的油茶核心产区，是全国油茶产业第一大省，具有独特的土壤气候条件、丰富的油茶种质资源、最大的油茶栽培面积和悠久的油茶栽培利用历史。油茶产业是湖南的优势特色产业，湖南省委、省政府和湖南省林业局历来非常重视油茶产业发展，正在打造油茶千亿元产业，这是湖南油茶产业发展的一次难得的历史机遇。

　　我国油茶产业尚处于现代产业的早期发展阶段，仍具有传统农业的产业特征，需要一定时间向现代油茶产业过渡。油茶具有很多非常特殊的生物学特性和生态习性，种植油茶需要系统的技术支撑和必要的园艺化管理措施。2009年《全国油茶产业发展规划（2009—2020）》实施以来，湖南和全国南方各地掀起了大规模发展油茶产业的热潮，经过10多年的努力，油茶产业已奠定了一定的现代化产业发展基础，取得了不俗的成绩；但由于根深蒂固的"人种天养"错误意识、系统技术指导的相对缺乏和盲目扩大种植规模，也造成了一大批的"新造油茶低产林"，各地油茶大型企业和种植大户反应强烈。

　　为适应当前油茶产业健康发展的需要，引导油茶产业由传统的粗放型向现代的集约型方向发展，满足广大油茶从业人员对油茶产业应用技术的迫切要求，湖南省油茶产业协会于2019年9月召开了第二届理事会第二次会长工作会议，研究决定编写出版《油茶产业应用技术》丛书，分别由湖南省长期从事油茶科研和产业技术指导的专家承担编写品种选择、采穗圃建设、良种育苗、种植抚育、修剪、施肥、生态经营、低产林改造、病虫害防控、林下经济、产品加工、茶油健康等分册的相关任务。

本套丛书是在充分吸收国内外现有油茶栽培利用技术成果的基础上编写的，涉及油茶产业的各个生产环节和技术内容，具有很强的实用性和可操作性。丛书适用于从事油茶产业工作的技术人员、管理干部、种植大户、科研人员等阅读，也适合作为油茶技术培训的教材。丛书图文并茂，通俗易懂，高中以上学历的普通读者均可顺利阅读。

　　中国工程院院士张守攻先生、湖南省林业局局长胡长清先生为本套丛书撰写了序言，谨表谢忱！

　　本套丛书属初次编写出版，参编人员众多，时间仓促，错误和不当之处在所难免，敬请各位读者指正。

湖南省油茶产业协会

2020年7月16日

目　录
contents

第一章

油茶病虫害概述

油茶是我国主要的经济作物之一，在我国南方湖南、江西、浙江、广西、安徽、福建、广东、河南、湖北等省市都大面积种植。大力发展油茶产业，既是我国保障粮油安全的大事，又是带动山区农民增收致富的好项目，还是现代林业建设的新亮点。大力发展油茶产业，既不与粮争地，又能迅速增加油料供应，这是保障我国食用油供给的有效途径；是增加农民收入、推进新农村建设、助增扶贫攻坚战、破解"三农"问题的关键。

在实际的油茶种植过程中，经常会受到病虫害的不利影响，对油茶的质量以及产量造成了严重的影响，不利于我国油茶产业健康发展。目前，油茶的种植规模越来越大，油茶所遭到的病虫害种类繁多，危害日益突出，导致减产，造成经济损失巨大。结合油茶所需要的种植环境，给油茶病虫害的防治工作带来了一定的困难。随着种植技术以及自然环境的变化，更需要结合当地的实际情况，展开针对性的病虫害防治，进而有效促进油茶的正常生长，有效提升环境效益与经济效益。

据调查，我国危害油茶的病虫害种类很多，其中病害有50余种，虫害有300余种，还有少量的有害寄生植物如桑寄生、菟丝子、槲寄生等。其中危害严重的、引起损失较大的病虫害有：油茶炭疽病、油茶软腐病、油茶根腐病、油茶烟煤病、油茶茶苞病、油茶藻斑病、油茶半边疯、茶籽象甲、油茶毒蛾、油茶尺蠖、茶梢蛾、油茶织蛾、蓝翅天牛、绿鳞象甲、油茶枯叶蛾、油茶叶蜂、油茶叶甲、卷叶蛾、金龟子、白蚁等等。每年造成油茶损失为总产量的10%～25%，严重年份及少数产区达40%～80%。油茶病虫害严重影响油茶生产，给油茶产业造成巨大损失，因此，要大力发展油茶产业，必须及时解决油茶病虫害问题。

长期以来，油茶病虫害的发生及防治未引起人们足够的重视，粗放管理的模式一直没有得到根本性的改变。近年来，重种植、轻管护、盲目依靠单一化学防治或根本不采取任何形式的病虫害防治措施的情况仍时有发生，这是导致油茶病虫害发生蔓延的根本原因。

一、油茶病害概述

油茶是一种抗逆性较强的树种，对立地条件要求不严，耐干旱、贫瘠；油茶树体不高，具有抗风能力；油茶树干光滑、叶片革质，具有较强的耐火性，对多数虫害和鼠害有一定抗性；但病害危害十分严重。

油茶病害往往造成油茶根系腐烂、叶片脱落、落果等，影响油茶的产量和生长，影响茶油质量。油茶病害一直是油茶生产中的主要问题，要想获得油茶丰产，首先必须控制好油茶病害。

（一）油茶病害概念

油茶在整个生长过程中均可能遭受病原生物的侵袭或不良环境因素的影响，正常新陈代谢受到干扰，以至在外部形态上呈现反常的病变现象，并导致产量降低，品质变劣，甚至全株死亡，造成经济损失，称为油茶病害。

（二）发病范围

依据调查，油茶病害几乎在所有的油茶林和育苗基地都有发生，发生严重的林地大约有20%～30%，给油茶生产带来巨大损失。

（三）油茶主要病害种类

1. 油茶叶、果病害

油茶炭疽病、油茶软腐病、油茶茶苞病（叶肿病、茶饼病、茶

桃）、油茶烟煤病（煤污病）、油茶藻斑病、油茶毛毡病、油茶疮痂病、油茶赤枯病。

2. 油茶枝干病害

油茶半边疯（油茶白朽病）、油茶肿瘤病。

3. 油茶根部病害

油茶根腐病、油茶根癌病（油茶冠瘿病）、油茶根结线虫病。

4. 油茶有害寄生植物

菟丝子、桑寄生、槲寄生、无根藤。

（四）发生特点

油茶病害较为普遍，可造成大量花蕾、果实、叶片的脱落和干枯，甚至全株枯死，严重影响其产量和品质。我国各地油茶产量差异很大，低产林面积很大。导致油茶低产的原因很多，如品种不良、立地条件差、经营管理粗放和病虫害危害等因素。在相同林分条件下，病害往往是影响油茶产量的最主要因素。

1. 不同林分类型油茶病害

（1）苗圃地苗木病害：主要有油茶根腐病、油茶软腐病、油茶炭疽病、油茶根癌病（油茶冠瘿病）、油茶根结线虫病。

苗圃地中以油茶根腐病和油茶软腐病发生较为严重。在部分规模化育苗基地由于排水不畅、通风透气性差等原因，引发根腐病，致使当年生嫁接苗死亡率最高达50%以上；如果除治不彻底，极易随苗木携带至新造林中，新造林油茶中出现全株直立枯死的现象，影响造林成活率。此外，苗圃地的温室大棚，因温度和湿度都较高，极易发生油茶软腐病。

（2）幼林油茶病害：主要有油茶炭疽病、油茶软腐病、油茶根腐病、油茶叶肿病、油茶赤叶枯病、油茶根癌病等。

油茶幼林的主要病害是油茶炭疽病和软腐病，侵染危害油茶花、叶、果实，油茶春梢和叶片危害较重，影响植株的光合作用和生长势。油茶根腐病是油茶幼林常见病害。油茶茶苞病（叶肿病）、油茶根癌病、油茶赤叶枯病等在一些油茶林中时有发生，但一般是局部的，危害较轻。

（3）成林油茶病害：主要有油茶炭疽病、油茶软腐病、油茶烟煤病、油茶藻斑病、油茶根腐病、油茶叶肿病、油茶半边疯。

油茶炭疽病、油茶软腐病是成林中常见病害，主要危害花序和果实，引起落花落果，造成油茶减产，降低茶油品质。油茶烟煤病、油茶藻斑病主要危害叶片，影响油茶的光合作用和其他生理活动，也是油茶成林中常见的病害，在一些油茶林中时有发生，但一般是局部发生。

（4）低改林油茶病害：主要有油茶炭疽病、油茶软腐病、油茶半边疯、油茶烟煤病、油茶肿瘤病、油茶藻斑病。还有油茶有害寄生植物。

油茶低改林因管理粗放，各种病虫害滋生蔓延，油茶炭疽病、油茶软腐病、油茶烟煤病及油茶半边疯都是林间常见病害。油茶半边疯是老油茶林和低改林中常见的病害，发病严重的油茶园，病株率可达40%，严重株半年或整株枯死。有些油茶低改林因为疏于管理，杂灌木丛生，通风透光性差，林间湿度大，烟煤病和藻斑病容易发生。同时，一些寄生性植物，如桑寄生、菟丝子、槲寄生、无根藤等植物吸取油茶的养分，加快了油茶林的衰退。

（5）采穗圃油茶病害：采穗圃一般为处于生长盛期的油茶林，品种优良、管护到位、病虫害预防及时，油茶的一些常见病害虽有发生，

但严重程度比普通油茶林轻。

总之，对于不同的油茶林类型，病害的种类和危害程度有所不同。苗圃、幼林地主要受到根腐病的危害，而其他类型的林地很少见；在油茶老残林和低改林中一般比较常见的是油茶半边疯、油茶肿瘤病和油茶烟煤病；油茶幼林和成林因为植株长势旺盛、管理到位，相对来说病害种类较少，主要是受到油茶炭疽病和软腐病的危害。

2. 不同季节油茶病害发生规律

春季：随着气温的回升，病菌开始新一轮的侵染。油茶叶肿病2月底发病，3月下旬至4月上旬为发病高峰期，随着叶龄增长，气温升高在20℃以上停止发病。油茶炭疽病和油茶软腐病于4月下旬开始发病，春梢和叶部出现病斑。油茶烟煤病在春季发病，发病高峰期在3月下旬至6月上旬，发病时间与害虫油茶绵蚧和黑刺粉虱的排蜜高峰期一致。

夏秋季：是油茶病害发生的高峰期。夏季高温高湿，适宜各种病害快速发展，油茶炭疽病和油茶软腐病6月份进入发病高峰期；8月下旬至9月下旬，在温湿度合适时出现第二次发病高峰。因油茶10~11月为花期，在6月份花芽分化期感病的花芽，在11月份达到发病高峰期。

冬季：气温逐渐降低，病害停止发展，进入越冬状态。这时要清理病枝、叶、果等。

3. 油茶病害发生的条件

油茶病害的发生、发展、蔓延成灾都是在一定条件下寄主、病原菌、环境三者互相作用的结果。一个稳定的油茶林生态体系，若环境条件有利于油茶的生长，而不利于病原菌的滋生蔓延，那么病原菌虽然存在，也不会蔓延而酿成灾害。相反，如果油茶林的环境不利于油茶生长而利于病原菌的大量繁殖，那么病害就会发展蔓延成灾。

（1）营林措施与病害：油茶林垦复套种间作施肥，施氮肥过多，缺乏磷钾，油茶林营养生长旺盛从而降低了其抗病力；不合理的套种中耕，导致油茶根系受损，直接致使油茶林长势弱，抗病力下降；土壤板结、排水不畅不良致使病原菌蔓延；郁闭度大、通风透光不良的油茶林，有利于病原菌的发生蔓延，油茶炭疽病、油茶软腐病的发病率较高，落果落叶严重。

（2）寄主的抗病性与病害：寄主的抗病性与病害发生的关系很大。普通油茶中寒露籽比霜降籽抗炭疽病能力强。同一品种油茶中，不同类型的抗病性差异也很大，有感病株，也有抗病株，因此，抗病株比例大的林分，其发病率低。

（3）海拔高度与病害：油茶病害的发生与海拔高度有一定关系。油茶炭疽病一般发生在海拔500m以下的低山丘陵地区，随着海拔高度的增加，炭疽病的发病率有所下降。油茶软腐病则在低丘高山均有发生。油茶烟煤病则往往在湿度大、山凹阴湿的环境中或海拔较高的山区容易暴发成灾，油茶烟煤病是因油茶绵蚧危害诱发引起的，因此它的发生蔓延受油茶绵蚧及其天敌种群数量的制约。

二、油茶虫害概述

油茶虫害普遍发生，是造成油茶低产的主要原因之一。据调查，油茶落花落果率为70%~80%，其中虫害引起的约占1/3。林农非常担忧，在油茶日常生产管理中一直与虫害激烈斗争。

（一）油茶主要害虫种类

不同地区环境及气候条件差异较大，害虫种类及危害程度也有明

显差异。能造成经济损失的油茶害虫主要有：茶籽象甲、油茶毒蛾、油茶尺蠖、茶梢蛾（茶尖蛾、茶梢蛀蛾）、油茶织蛾（油茶蛀茎虫）、油茶蓝翅天牛、绿鳞象甲、油茶枯叶蛾（油茶毛虫）、油茶叶蜂、油茶刺蛾（扁刺蛾、丽绿刺蛾、黄刺蛾）、茶天牛、铜绿异丽金龟、油茶叶甲、八点广翅蜡蝉、广西灰象、假眼小绿叶蝉等。

1. 种实害虫

茶籽象甲、桃蛀螟。

2. 食叶害虫

油茶毒蛾、油茶尺蠖、油茶叶蜂、油茶枯叶蛾（油茶毛虫）、绿鳞象甲、叶甲类（茶角胸叶甲）、假眼小绿叶蝉、茶细蛾、茶小卷叶蛾、茶长卷叶蛾、茶奕刺蛾、日本卷毛蚧、黑刺粉虱、柑橘斜脊象甲、八点广翅蜡蝉、广西灰象、茶褐蓑蛾等。

3. 枝梢害虫

茶梢蛾（茶梢尖蛾、茶梢蛀蛾）、油茶织蛾（油茶蛀茎虫）、茶木蛾（茶堆沙蛀蛾）、黑跗眼天牛、油茶宽盾蝽、八点广翅蜡蝉、油茶绵蚧等。

4. 蛀干害虫

黑跗眼天牛（蓝翅天牛）、茶天牛（茶褐天牛）、油茶织蛾、茶木蛾（茶堆沙蛀蛾）、相思拟木蠹蛾。

5. 根害虫

金龟子、黄翅大白蚁、黑翅土白蚁、东方蝼蛄。

（二）油茶虫害发生特点

苗圃害虫、新造林害虫、成林害虫、老林害虫、低改林害虫、采穗圃害虫不同年份、不同季节都不同。一般新造林发生害虫数量较大，老林中虫害发生较轻，种类也较少。

枝干害虫和果实害虫的隐蔽性较强，防治较难，对油茶产量和质量影响较大；叶部害虫如果不是大发生的情况下，不会影响翌年新叶的萌发。

（三）油茶虫害发生的条件

油茶害虫种类不同，它们要求的生存条件也不同。如茶籽象甲喜欢生活在海拔较高的山区，而在同一山上，其数量自山顶至山脚有逐渐减少的趋势；一般是老林多于幼林，林缘多于林内；大面积纯林多于分散零星林与套种间作林，荒芜油茶林多于抚育管理好的茶林；晚果型多于早果型，果皮光滑的青果型多于果皮粗糙的紫果型。油茶枯叶蛾以低丘陵居多，据在海拔300m以上的山区调查，虫口密度分别是山脚大于山腰，山腰大于山顶，正好与茶籽象甲的垂直分布相反。油茶绵蚧以海拔300～800m之间居多，尤以400～600m之间最适宜；一般喜欢生长在荫蔽、湿度较大的山区或半山区，在同一山谷，山坳比山脊多；在同一片油茶林中，密林、郁闭大的多于疏林与郁闭小的。茶梢蛾喜欢生长在温度稍高而又较干燥的丘陵地带。

了解各种害虫生活史最适宜的生存条件，对油茶栽培地点、品种的选择以及采取必要的预防虫害措施十分重要，也是贯彻害虫治理"预防为主，综合防治"的基础。

三、油茶病虫害防治现状

油茶用途广泛，可生产优质茶油，对提高农民收入、脱贫致富具有重要的价值，发展前景好。近年来，油茶种植面积呈大幅增长趋势，但在油茶病虫害防治方面存在诸多问题，严重阻碍了油茶种植的发展。

因此，为了提高油茶林的产量，获得更大的收益，对油茶病虫害进行防控就显得十分重要。

（一）油茶病虫害的防治措施

目前，我国油茶病虫害防治措施可概括为5种。

1. 化学防治

化学防治是目前采用最多的防治方法。化学防治见效快，操作方便、简单快捷。因此，现在生产中仍大量使用。

2. 物理防治

物理防治是采取人工诱捕或诱杀的方法进行油茶的病虫害防治。如剪除病枝、诱捕杀虫灯等方法。

3. 生物防治

生物防治方法主要是利用生物或其产物控制油茶病虫害发生危害的一种防治方式。有以虫治虫、以菌治虫、以菌治病等通俗说法。利用生物防治，资源丰富、选择性强、对人畜安全、不污染环境，对油茶病虫害有长效的控制作用。但生物防治因见效慢，且天敌种群数量受气候、害虫数量，特别是易受化学防治的影响，目前生产上使用不多。

4. 营林措施

营林措施是治理油茶林病虫害标本兼治的措施，是实施长期有效控制油茶林病虫害的重要途径之一。主要包括：抗病虫树种筛选和培育；配置诱饵树种和设置隔离带；营造混交林；修枝亮脚，伐除病虫枝；更新老龄树，加强油茶林的抚育管理等，以提高油茶林抵御病虫害的能力。但是要设计一种近自然林的造林模式，仍是一个漫长的过程。

5. 植物检疫

在油茶种子、苗木和其他繁殖材料的调运过程中实施检疫防止油茶病虫害的人为传播。如安徽省2005年补充油茶软腐病病原菌为林业检疫性有害生物。

（二）油茶病虫害防治存在的问题

1. 对油茶病虫害防治认识不足

过去油茶林管理粗放、产量低，油茶病虫害没有引起各级政府相关部门和林农的足够重视，甚至有少数人认为，油茶是天然的抗病虫和防火树种，基本没有病虫害。在思想观念上林农把油茶林视为"天赐"之物，人种天养，油茶病虫害防治的意识淡薄。

2. 抗药性问题突出

目前，我国生产上对油茶病虫害主要是采用化学防治，但大量使用农药并没有达到预期效果，防治油茶病虫害的效果却越来越差，在一定程度上对化学药剂的无节制滥用已导致严重的抗药性。病虫在产生较高耐药性的同时，也间接对环境产生了污染，不利于油茶的生长。因此，治理油茶病虫害抗药性仍是当前生产上面临的首要任务。

3. 油茶病虫害防治技术落后

由于城市化进程的加快，农村劳动力的流失，在油茶种植户对病虫害的防治中传统、落后方式较多，防治实效性被削弱，造成油茶产量下降。近年来，随着科学技术的飞速发展，各种科学技术相互渗透程度日益提高，一些病虫害防治新技术在生产上推广应用少。

4. 油茶抗病虫害品种缺乏

抗病、抗虫品种的选育和大面积推广是防止油茶有害生物发生和

蔓延的有效措施之一。我国油茶品种除高产外，育种时还应将抗病和抗虫性作为主攻方向，争取有所突破。

5. 对油茶病虫害生存规律缺乏调查了解

林农们在防治油茶病虫害的过程中，没有真正地了解和调查油茶病虫害的发生规律。导致盲目的、过量的用药。

四、油茶病虫害科学防控策略

我国森林病虫害防治的方针是"预防为主，科学治理，依法监管，强化责任"，以减轻灾害损失、促进现代林业发展、服务生态文明建设为目标。

当前，国际市场对茶油品质要求日益提高，国内对食品安全日益关注，油茶产业的发展在解决大幅增加产量当务之急的同时，要保持茶油无公害的优良品质。而要长期保持油茶林的健康，确保茶油高品质，防止环境污染，必须建立以生态控制技术为主的无公害防治技术体系，即从油茶林整个生态系统出发，采取以营林技术为基础，与选育抗病虫品种、生物防治、物理防治等相结合的综合防治措施，既将油茶病虫害控制在允许的经济阈值以下，又能保证高品质无公害茶油的高产稳产，最终促进油茶种植户和相关企业的增产增收。

（一）调整林地生态环境和优化种植结构

随着油茶产业的不断升温，油茶新造林面积迅速扩大。一些地方采取大面积机械化整地，大面积单一品种纯油茶林种植模式，一些常见的病虫害将可能上升为主要病虫害而严重发生与流行。这就需要在造林时，不能简单求快，还需考虑不破坏生态环境，同时考虑各种植物生长发育与环境的协调性，减小一些常见病虫害集中、大范围发生与蔓延；另一方面要服从于整个林业生产结构调整和油茶增产、农民增收、经济发展的要求。所以，要探讨选择最佳经济效益、生态效益的林地间作套种形式，保证油茶有一个稳定的种植面积，真正变资源优势为产量优势和质量优势。这也是生态调控手段之一。

（二）加强抚育管理，促进油茶林生长，提高抗病虫能力

油茶林的垦复和林间套种要防止全垦、作物单一化，要注意保留杂草、杂灌木带，以至有计划地种植绿肥，提高林地覆被率，增加招引昆虫的植物种类，有利于林地水土保持，增加昆虫种群，为天敌昆虫提供更多的食料，创造良好的越冬越夏环境。至于采用哪一种方式，要根据越冬病虫的具体情况而定。如茶毒蛾、油茶尺蠖、油茶枯叶蛾、金龟子类危害严重的油茶林，在冬季深垦可杀死许多越冬害虫，在秋冬早春进行整枝修剪，可除掉茶梢蛾、蛀茎虫、天牛等部分越冬害虫和侵染病源。所以，只要把每一次经营管理措施与病虫害防治紧密地结合起来，就能达到消灭病虫害、保护天敌、促进茶林生长的目的。

（三）加强预测预报，科学合理使用农药

在种植点的合理区间范围内设置监测点，对病虫害进行监测，从而获得第一手资料，为病虫害防治提供预警，做好预防工作。

只有当某些病虫害失去控制暴发成灾时，才考虑使用化学防治，扑灭病虫害，减少损失，但也必须注意合理用药、科学用药，以便把污染环境、杀伤天敌和有益生物等破坏生态平衡的副作用降到最低限度。科学施药既能够保护病虫害的天敌，又能够灭掉病虫害，从而能够有效降低人工操作的成本。

（四）生物防治技术推广和应用

生物防治有其独特优点，对人畜安全，不污染环境，对作物无不良影响，一般也不会产生抗性等。其中最有价值的是各种捕食性天敌昆虫、病原微生物、寄生性昆虫。如白僵菌、苏云金杆菌、黑绿红瓢虫、姬蜂、小蜂、黑卵蜂等，这些生物资源在油茶林中十分丰富，具有广泛的利用前景。

（五）加强抗病品种培育与推广

根据油茶常见病虫害的特点，培育新的油茶品种，并根据油茶种植地病虫害发生的具体情况，选择合适的品种进行推广种植，使抗病虫品种尽快走进千家万户。这样不仅能够选育出新品种，而且能增强油茶的抗病能力和生长能力。加强对抗病和抗虫油茶品种的选育，是防治油茶病虫害最直接和最便捷的措施。

（六）加强防治技术推广

对油茶种植人员加强病虫害防治教育，提升种植户的专业技术。在种植油茶苗木的地区可以设立油茶病虫防治培训机构，定期对种植户采取培训、宣传等措施，指导种植户正确用药，降低防治成本，提升种植户的经济收入，提高种植户积极性。注重对种植户专业种植技术的提升，引导其正确识别抗性优良品种，正确识别病虫害及天敌，降低人工操作成本，积极采用病虫害防治新技术，宣传生物防治等无污染技术，从而为油茶提供更加健康、可持续的经营生态环境。

（七）油茶病虫害综合防控新技术

1. 数字化技术的应用

通过3S技术（GIS地理信息系统、RS遥感、GPS全球定位系统）的使用，可以进行准确的监测与预测，以减少病虫害对油茶的影响。如目前正大力推广应用的无人机监测与施药。

2. 三诱技术的运用

（1）昆虫信息化学物质诱杀

昆虫信息化学物质主要包括昆虫信息素和植物中对害虫具有引诱作用的化学成分，使用寄主植物对害虫的引诱作用化学成分人工合成引诱剂，在对害虫的防治和监测中已经被广泛地应用。

（2）灯光诱杀

由于昆虫的趋光性，其对紫外线的反应是比较敏感的，把害虫都引诱到灯的四周，然后进行诱杀，这一技术有效地减少化学农药的大量使用及对环境的污染和对害虫天敌的伤害。

（3）颜色诱杀

利用害虫对颜色的趋向行为反应，并且与粘虫胶进行结合，制成了不同颜色的诱板防治害虫，使用颜色诱杀害虫不伤害害虫的天敌，同时也不污染林业产品和环境，对人畜的生活也比较安全，而且这种方法操作也十分简单，具有很好的推广应用前景。

3. 适应林业特点的施药器械和技术更趋多样、高效和安全

（1）在病虫害的防治工作中，高大的树木是我们经常要面临的问题，高射程农药喷雾技术主要采取风送和雾化技术，高度可以达到20m以上，而且具有很好的穿透能力，有效地保证了药效，结合静电喷雾技术，可以有效地减少农药的使用量和减少对环境的污染，有很

好的生态和经济效益。

（2）烟雾载药技术就是利用引燃式烟雾载药或烟雾发生器载药，将农药转变成烟雾微滴漂浮于空间，并且均匀地附着在目标上，最终达到杀虫的效果。

总之，在油茶的病虫害防治中，应倡导生态化、无公害的防治方式，建立科学合理的综合体制及体系，以油茶为重点，从生态化系统建设出发，综合多方面的防治技术，以生物防治、物理诱捕为主，化学防治为辅进行综合管理，从油茶病虫害的源头开始，并进一步控制其发生蔓延。将油茶病虫害控制在一定的限制内，客观遵循无公害、生态化的防治原则，实现真正的生态化防治模式，是未来油茶病虫防治的发展方向，也是客观要求。

第二章

油茶主要病害及
其防治技术

油茶主要病害有油茶炭疽病、油茶软腐病、油茶烟煤病、油茶根腐病、油茶茶苞病、油茶藻斑病、油茶半边疯、油茶寄生害植物等，病害的发生使得油茶产量下降，严重时可能导致绝产。因此，在对油茶病害进行防治时，首先要进行病害诊断，掌握病害的发生规律，再根据这些情况选择防治方法，做到事先预防；发病时采用多种防治方法综合防控。

一、油茶炭疽病及其防治技术

（一）发生与危害

油茶炭疽病是油茶的最主要病害之一，在油茶栽培区发生普遍且严重。油茶感染该病后，可引起落果、落蕾、落叶、枝梢枯死、枝干溃疡甚至整株衰亡。该病是影响油茶产量的最主要因素，各油茶产区常年因该病减产10%～30%，重病区减产可达40%～50%及以上，甚至绝收，每年造成的直接经济损失不可估量。油茶果实被炭疽病病菌侵染后，种子的含油量降低50%左右。近年来，不同地区油茶种植面积迅速扩大，炭疽病导致落果现象十分严重，影响了油茶产业的经济效益，制约着油茶产业的健康发展。

（二）诊断症状

发病部位：病菌危害果实、叶片、枝梢、花芽和叶芽。

果：果实上典型病斑为黑褐色或棕褐色圆斑。果实受害，初期在果皮上出现褐色小斑，渐扩大为黑色圆形病斑，有时数个病斑连成不规则形，无明显边缘，后期病斑上出现轮生小黑点，为病菌的分生孢子盘。当空气湿度大时，病部产生黏性粉红色的分生孢子堆。一果可有一至十余个病斑，病斑扩展后可以联合。病果开裂易落（图2-1）。

图2-1 油茶炭疽病病果

叶：嫩叶受害，其病斑多在叶缘或叶尖，呈半圆形或不规则形，黑褐色，具水浸状轮纹，边缘紫红色，后期病部下陷，病斑中心灰白色，内有轮生小黑点（图2-2）。

图2-2　油茶炭疽病病叶

枝：枝梢受害，病斑多发生在新梢基部，少数在梢中部，椭圆形或梭形，略下陷，边缘淡红色，病斑后期黑褐色，中部灰白色，其上生黑色小粒点，皮层纵向开裂，病斑若环梢一周，梢即枯死。枝干上的病斑呈梭形溃疡或不规则下陷，剥去皮层，可见木质部变黑色。

芽：花芽和叶芽受害，变为黑色或黄褐色，无明显边缘，后期呈灰白色，上生小黑点，严重时芽枯蕾落。

（三）发生特点

病害全年都有发生。果实炭疽病一般发生于5月初，8～9月为发病盛期，并引起严重的落果现象，而且可以延续到霜降前后。病蕾在6月初现，8～10月病蕾大量掉落。

初始发病温度为17～20℃，最适温度27～29℃。发病次序为：先是嫩叶、新梢发病，后为果实、花蕾发病。夏秋间降雨量大，空气湿度高，病害蔓延迅速。

发病率情况为：一般低山>高山，山脚>山顶，林缘>林内，成林>幼林。油茶林间种不当，尤其是种高秆或半高秆作物发病率也会显著增加。发病期氮肥施得过多，常常会加重病情。

不同油茶品种和单株抗病率不同。我国大面积栽培的普通油茶最易感病，而小叶油茶则比较抗病，攸县油茶为高抗品种。一般小叶油茶的抗病率>普通油茶，寒露籽>霜降籽，紫红果和小果>黄皮果和大果。单株抗病力差异表现更为明显。

（四）防治方法

油茶炭疽病由于初次侵染源广、受害部位多、发病时间长、危害面积大，加之油茶多分布在山区，施药操作比较困难，在防治上存在较大的难度。因此，对该病的防治以预防为主，采用综合治理措施。

1. 营林措施

（1）清理油茶林病源

结合油茶林冬、夏季垦复消灭病原菌。同时结合冬季和夏季修剪，剪除树上各发病部位，特别注意剪除发病的新梢，摘除早期的病果和病叶。清除油茶林中的历史病株，补植抗病植株。

（2）科学管理土壤，调整林分结构

选择合理种植密度，油茶林密度不宜过大，通风透光，降低林内湿度。若要间种，需选择矮秆作物，忌用高秆作物。适当增种绿肥，发病期不宜多施氮肥，应增施磷、钾肥，以提高植株抗病力。

2. 选用抗病良种

在新发展油茶林地区，应选育和推广抗病良种。在普通油茶林，尤其重病区，选择抗病高产单株，就地繁育，及时推广。防治油茶炭疽病的根本性措施是选用抗病良种，应选择通过国家或省级审定的、果大、皮薄、出籽率高、出油率高、产量高、抗性强并适合本地生长的优良油茶品种，选择花期、生物学特性相对一致的5个以上无性系配置造林。目前各地无性系列主要有华系列、湘林系列、长林系列、赣无系列、赣油系列、桂无系列等。

3. 病害监测测报

根据油茶的物候期，结合病害的不同年份、不同季节不同的温度、湿度、降水量，监测全年的动态发病情况，为防治及时准确提供科学依据。

4. 生物防治

可选用一些拮抗微生物生防菌剂（如油茶专用生防菌剂、农用抗生素），可预防病害的发生，同时还可促进苗木和幼林生长。生防菌剂对病害防治预防效果高于治疗效果。

在病果初发期选用果力士可湿性粉加水600倍每10天喷1次，连喷4次。

5. 化学防治

以预防为主，适期喷药。波尔多液是一种自用自配的保护性杀菌剂，是防治油茶叶、果病害的常用药剂，为天蓝色、微碱性悬浮液，有效成分为碱式硫酸铜。一般在病害发生前喷雾，能够起到预防保护作用。药液喷在油茶树上后，生成一层白色的药膜，可有效地阻止孢子萌发，防止病菌侵染，提高树体抗病能力，且黏着力强，较耐雨水冲刷，具有杀菌谱广、持效期长、病菌不会产生抗性、对人和畜低毒等特点。

春季萌芽抽梢期3~4月、果实发病盛期8~9月、花期10~11月是油茶炭疽病防治的关键时期。收果后和幼果开始膨大时可喷洒50%多菌灵500倍液；在早春新梢发出后，喷洒1%波尔多液，或选用1%波尔多液加1%~2%茶枯水、50%多菌灵可湿性粉剂500倍液、50%退菌特加水800~1000倍液、60%宝宁可湿性粉剂10000倍液等，于6~9月间，特别是病果盛发期前10~15天起每隔15天喷一次，连喷3次。选择晴天特别是雨过天晴后喷药效果好。

6. 种苗检疫

油茶种苗繁育基地所有的种子、苗木、插条、接穗、砧木要不带油茶炭疽病，一旦发现苗木感病要及时扑灭病情；做好油茶种苗的调运检疫。在苗木、穗条出圃前严格进行检疫检验，禁止带病的穗条、种苗流入市场，做好油茶种苗的产地检疫。

二、油茶软腐病及其防治技术

油茶软腐病，又名油茶落叶病，我国各油茶产区都有发生，是油茶的主要病害之一，对苗木危害严重。

（一）发生与危害

油茶软腐病是仅次于油茶炭疽病的重要病害，在各油茶产区均有不同程度的发生，主要危害油茶的果实和叶片，导致落叶落果，病株率达15%~20%，严重时可达95%以上。受害油茶往往成片发生，如遇连续阴雨天扩散速度更快，严重时发病率达100%。在南方对于油茶苗期，则全年都有可能发生，造成苗木落叶后成片死亡。

（二）诊断症状

该病主要危害油茶叶、果和芽，危害各幼嫩部位，以叶片受害最重。

叶：叶上病斑多从叶缘或叶尖开始，也可在叶片任何部位发生。病斑初呈半圆形或圆形，水渍状。叶片侵染后如遇连续阴雨，病斑扩展迅速，叶肉腐烂，仅剩表皮，呈淡黄褐色，形成"软腐型"病斑，2～3天病叶即脱落；侵染后如遇天气转晴，病斑扩展缓慢，黄褐色，形成"枯斑型"病斑，病叶不易脱落。在时晴时雨干湿交替的条件下，病斑上易产生乳黄色或淡灰色的类似"小蘑菇状"的子实体。芽和嫩叶染病后即枯黄腐烂而死（图2-3）。

图2-3 油茶软腐病病叶

果：果实侵染后与叶片症状相似，阴雨天病斑迅速扩大，病部组织软化腐烂；干旱高温时，病斑呈不规则开裂，而后脱落。果实自发病到脱落约2~4周时间。一般自7月份开始落果，直至采收时仍有脱落（图2-4）。

图2-4　油茶软腐病病果

（三）发病特点

一般来说，苗圃容易发病。

翌春当日平均气温回升到10℃以上，病菌开始初侵染。气温在10~30℃间，病菌均能发生侵染，但以15~25℃发病率最高。

油茶软腐病只在阴雨天发生。每次中到大降雨后，林间相继出现许多新病株、新病叶。雨量大，雨日连续期长，新病叶出现多。反之则病叶少。

南方4~6月是油茶产区多雨季节，气温适宜，是油茶软腐病发病高峰期。10~11月小阳春天气，如遇多雨年份将出现第二个发病高峰。

凡是湿度大的林子有利于病害的发生，如山凹洼地、缓坡低地、郁闭度过大的油茶林，林间湿度较大易于造成该病害流行；管理粗放、萌芽枝、脚枝丛生的林分发病比较严重。

（四）防治方法

防治上应以营林措施为主，加强培育管理，提高油茶林的抗病能

力。采穗圃、苗圃等可考虑药剂防治。

1. 选育良种，严格检疫

新造林的种苗，宜选用高产、优质及具有抗性的品种，并逐步淘汰劣质品种和劣株。严格实行种子检疫制度，严防带菌种子、苗木、穗条用种用。

2. 营林措施

选择土壤疏松、排水良好的圃地育苗，加强苗圃管理。圃地要及时松土除草，培育大苗要疏密相宜，适度疏枝修剪，发现病苗及时仔细清除病原，防止蔓延。病果种子可能带菌，避免从病树上采种。

抓好土壤管理和林相、树体改造工作，同时注意改善林地卫生情况，宜砍除、烧毁有严重软腐病病史的病株；改造过密林分，适度整枝修剪，冬春结合整枝修剪，清除越冬病叶、病果、病枯梢。

3. 化学防治

波尔多液、多菌灵、退菌特、甲基托布津等药剂均有较好的防治效果。根据油茶软腐病的发生规律，应注意选择附着力强、耐雨水冲刷、药效持续期长的药剂。1:1:100等量式波尔多液，晴天喷药后附着力强，耐雨水冲刷，药效期持续20天以上，是目前较理想的药剂。

喷药时间以"治早"为好，第一次喷药在春梢展叶后抓紧进行，用1:1:100的波尔多液全树喷雾，以保护春梢叶片。雨水多、病情重的林分，5月中旬到6月中旬再喷1~2次，间隔期20~25天。

三、油茶烟煤病及其防治技术

油茶烟煤病又称油茶煤污病，分布在我国各油茶产区。主要危害油茶枝叶。

（一）发生与危害

油茶烟煤病在我国油茶产区都有发生，多发生在高山区油茶林中。主要危害油茶枝叶，在叶正面及枝条表面产生黑色煤尘状物，在枝叶表面形成一层很厚的覆盖层，使油茶光合作用受阻，生长衰弱，影响油茶树生长和结实，降低油茶的产量和品质。受害严重时油茶成片枯死，不但当年颗粒无收，还可导致油茶林提前衰败。通常局部地区严重发生，烟煤病流行年份油茶籽减产10%～25%。

（二）诊断症状

图2-5　油茶烟煤病病叶

枝叶：病菌侵入油茶叶片、枝条，初期在油茶叶正面及枝条表面形成圆形黑色霉点，有的沿主脉扩展，以后逐渐增多，形成较厚的一层黑色烟煤状物，从而使叶片失去进行光合作用的功能。严重危害时，油茶呈现一片黑色状，轻则产量下降，重则造成颗粒无收，甚至造成油茶整株死亡（图2-5）。

病菌主要以介壳虫类、蚜虫、粉虱等害虫的分泌物为营养，有时也可

利用植物本身的分泌物，因此，在烟煤病发生时，病枝叶上常可见到这类昆虫的危害。

（三）发病特点

病菌喜凉爽、高湿的环境，生长最适温度为10~12℃。油茶绵蚧和黑刺粉虱的分泌物是本病发生的诱因，因病菌多从这两种虫的分泌物中吸取营养，同时也随蚜虫和介壳虫而传播。

一般病菌在油茶枝叶病部越冬，次年3~6月和9~11月为发病盛期，与油茶绵蚧排蜜高峰期（3~4月和9~10月）相重合。

该病主要发生在荫蔽的油茶林地，或地势低洼、周围通风条件差的阴湿环境下。林分密度过大以及处于阴坡和山窝等处的林分，也易发病。油茶林湿度大发病重，盛夏高温停止蔓延。

油茶烟煤病经常在海拔300~600m的林分中发生，低山丘陵地区虽也有发生，但一般不严重。

（四）防治方法

油茶烟煤病主要随虫害猖獗而流行，防病的关键在治虫。

1. 选择优良的抗性品种

及时了解掌握当前生产上推广的高产、优质和抗性强的油茶品种，通过合理的试种，大面积推广能够有效地减少病虫害发生。

2. 营林措施

发病初期，及早除去病虫枝叶并烧毁，以免扩散蔓延。成林应注意修枝、间伐，保持适当的密度，使林内通风透光，既有利于开花坐果，又可减轻发病程度。此外，在林内栽植山苍子是防治烟煤病的有效措施。

3. 生态调控

通过林下套种牧草，如苜蓿、白三叶等豆科牧草，可促进油茶生长，减少化学肥料的施用，提高经济附加值，促进林牧业的协调发展。同时，豆科牧草花期长，有利吸引蜜蜂、切叶蜂等有益昆虫，减少蚜虫的危害，起到病虫害繁殖效果，同时改善土壤的团聚结构，增强油茶的抗病能力。

4. 生物防治

黑缘红瓢虫是蚧虫的主要天敌，分布甚广，成虫有群集性和假死性，较易捕集。可在瓢虫密度高的林分中收集，携至发生蚧虫和烟煤病的林分中释放。每株释放1~2头瓢虫就可达到控制蚧虫和烟煤病的目的。瓢虫的远距离运输以在越冬期进行为好。还可利用生防微生物进行防治，在有效降低油茶烟煤病的同时，减少化学农药使用。

5. 化学防治

防病必须先防虫，凡发生烟煤病的油茶林，一般害虫危害严重。发现这类害虫时，在蚧虫、蚜虫孵化盛期至2龄前喷药，即用10%吡虫啉乳油800倍液，或50%三硫磷1500~2000倍液等防治。施用农药应注意保护天敌，在蚧虫密度不很高的林分中不宜滥用。三硫磷对蚧虫天敌黑缘红瓢虫的毒性较小。

四、油茶根腐病及其防治技术

油茶根腐病是油茶种植中常见的一种根部病害。

（一）发生与危害

油茶根腐病，发生在亚热带及热带地区。在我国南方各省的油茶产区较为普遍，主要危害油茶1年生苗木和幼林，是一种毁灭性病害。

（二）诊断症状

油茶根腐病主要危害油茶幼苗，多发生在近地面的茎基部或根茎部。先侵染苗木根颈部，逐渐扩大成块状腐烂病斑，其表面产生白绢丝状物，潮湿条件下可蔓延至地面，最后产生初为白色、后扩大为淡红色或黄褐色或茶褐色的油茶籽状小颗粒（图2-6）。

图2-6　油茶根腐病受害根部

油茶树感病后，新梢抽发少，叶片褪绿发黄，严重时变褐色枯萎、开花少，最后油茶树整株枯死。一般在春季换叶期间落叶严重，重病树大多在7~8月枯死，主要原因是根部感病后吸水吸肥能力下降，而7~8月雨水较少、气温高，容易使重病树失水而枯死。有的油茶树发病轻，可能2~3年都没有枯死，病株树冠矮小、稀疏，树叶发黄，落花落果落叶较之正常树要多，产量很低。（图2-7，图2-8）

图2-7　油茶根腐病病株地上部分

图2-8　油茶根腐病病株地上部分

（三）发生特点

一般根腐病的发生与土壤环境、栽培管理有很大关系，一般土壤黏重、地势低洼、保水保肥能力差的土壤容易发病。

油茶根腐病主要发生于4~5月和9~10月，7~8月是重病株死亡期。

病原菌适宜生长于pH值为4左右的土壤中，特别是土壤黏重、排水不良的圃地。在自然状况下，可以从一病株为起点，向周围邻株蔓延危害，形成小块病区。

夏季降雨时，病菌菌核易随水流传播而引起再次侵染。此外，调运病苗、移动带菌泥土以及使用染菌工具也都能传播病菌。

土壤中的病原菌是每年苗木发病的重要侵染来源。病菌菌丝能沿土表向邻株蔓延，特别在潮湿天气，当病、健株距离相近时，菌丝极易蔓延扩展。

（四）防治方法

油茶根腐病的防控采取"预防为主，综合治理"的措施。

选用土壤疏松、排水方便的圃地育苗，圃地育苗要选择适宜密度，发现病苗要及时清除，防止蔓延。发病严重的圃地，可与禾本科作物进行轮作，轮作年限应在4年以上。发病圃地里，每亩施生石灰50kg，可减轻下一年的病害。

清除油茶林行间的杂草，冬春季节结合垦复和修剪，清理病枝病叶病果，有利于通风透光，可减轻病害的发生。选择适宜的油茶树品种，品种尽量选择抗病丰产良种。

在炎热的季节，用透明的塑料薄膜覆盖于湿润的土壤上，促使土温升高，并足以致死菌核，从而达到病害防治的目的。

生物防治：在发病地区，采用木霉菌、假单胞杆菌及链霉菌等微生物菌剂处理植物的种子或其他繁殖器官，有较明显的防病效果。

化学防治：移栽前土壤消毒，用熟石灰或50%福美双等药剂进行处理，或用多菌灵及福美双混合药粉消毒更加有效。发病初期，可使用50%多菌灵可湿性粉剂，或50%根腐灵可湿性粉剂，或30%恶霉灵进行防治。发病严重的植株甚至枯死的植株应及时拔除，并仔细掘取其周围的病土，添加新土；用熟石灰拌土覆盖，防止病害发生传播。

五、油茶茶苞病及其防治技术

油茶茶苞病又名叶肿病、茶饼病、茶桃等，是油茶芽叶的重要病害之一。

（一）发生与危害

油茶茶苞病主要分布于长江以南各省油茶产区。主要危害花芽、叶芽、嫩叶、子房及幼果，导致过度生长，芽、叶肥肿变形，嫩梢最终枯死，对植株生长和果实的产量影响极大。

（二）诊断症状

油茶的花芽、叶芽、嫩叶和幼果产生肥大变形症状。

花芽感病后，子房及幼果膨大成桃形，因而称为茶苞、茶桃，一般直径5~8cm，最大的直径达12.5cm（图2-9）。叶芽或嫩叶受害后肿大成肥耳状；病部开始时表面为浅红棕色，间有黄绿色；后期表皮开裂脱落，露出灰白色的外担子层；最后外担子层被霉菌污染而变成暗黑色，病部干缩，长期悬挂枝头而不脱落（图2-10）。

图2-9 油茶茶苞病（茶桃、肥耳状）

A. 发病初期：嫩梢叶片变色变厚

B. 发病中期：叶片肥大，形成茶片

C. 发病后期：叶背突起，有白色粉尘

D. 发病末期：嫩梢叶片变色变厚

图2-10 油茶茶苞病不同时期症状

（三）发生特点

油茶茶苞病的发生与气温、日照、湿度及品种等因素密切相关。

该病一般只在早春发病一次，最适发病的气温是12～18℃，发病时间相对较短。常发生于雨量充沛、低温、高湿、多雾的环境条件。

细叶小果油茶比较抗病，大叶中果油茶、大果油茶比较易感病。

在通风不良、阳光不足的茂密林分中发病较重，病害以在树冠中、下部发病较多。

（四）防治方法

1. 营林措施

做好冬季清园工作，清除感病的叶片、幼芽并集中销毁，减少侵染来源；合理修剪，增加通风透光性；加强土肥水管理，松土除草、整形修剪，保持林内通风透光，促进油茶树体健壮及生长发育，提高抗病能力。

2. 化学防治

对于油茶茶苞病发生严重、大面积发病的林分，在剪除病原物的前提下，应结合化学防治。

（1）新梢萌发结束，立即用1%波尔多液全树喷雾。

（2）在发病期间喷洒1：1：100波尔多液或0.5波美度石硫合剂，施用3～5次，效果较好。

六、油茶藻斑病及其防治技术

油茶藻斑病是油茶林普遍发生的一种叶部病害。

（一）发生与危害

主要发生在长江流域以南，危害比较严重，影响油茶的生长。危害叶片和嫩枝，引起叶片褪色和早落，影响嫩枝上新芽的萌发，严重感染的嫩枝易枯萎死亡，造成树势衰弱。

（二）诊断症状

油茶藻斑病发生在油茶的老叶上，主要在叶片表面。发病部位出现稍隆起的毡状物，病斑上有略呈放射状的细纹，并有茸毛。病斑初期是叶上产生淡黄色斑点，中期变为青褐色，病斑后期为暗褐色，边缘色浅，近圆形、椭圆形或不规则形。在一个叶片上可产生多达数十个病斑或全叶被藻斑布满（图2-11）。

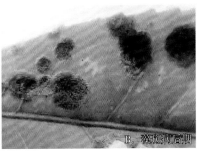

A. 藻斑病前期　　　　　B. 藻斑病后期

图2-11　油茶藻斑病

（三）发生特点

该病4月开始危害油茶，高温高湿的5～6月是传播侵染的盛期。

油茶密集通风透光不良，空气湿热有利于发病，管理不善树势衰弱，能促使病害发展蔓延。

（四）防治方法

1. 营林措施

加强油茶林清理，及时疏除徒长枝和病枝，适当修剪，促使通风透光，降低油茶林内湿度。多施磷钾肥，可以增强树势，提高抗病力。

2. 化学防治

对发病严重的油茶林，可以在4~6月或采果季节结束后，用1%波尔多液杀菌剂喷雾防治，可减轻次年病害的发生。

七、油茶半边疯病及其防治技术

油茶半边疯病又名白朽病、白腐病、石膏树，主要危害树干、枝干，是老油茶林内常见的病害。

（一）发生与危害

该病危害油茶树干、大枝，在发病严重的油茶林，病株率可达10%~47%。由于主干受害，生长衰退，导致叶片发黄、落叶、落果，严重病株半边或整株枯死。

（二）诊断症状

该病主要危害主干，并常延及枝条，发病多从背光的阴面开始；发病后，树皮腐烂，木质部呈干枯状，灰褐色，最后病部下陷，形成溃疡，呈长条状，石膏状白粉层平铺表面。病斑纵向发展快于横向发展，因而树木半边枯死（图2-12）。

图2-12 油茶半边疯病

（三）发生特点

油茶半边疯流行发生与气温、林龄及立地条件关系密切。

该病随着气温的升高、油茶林龄的增长而严重。荫蔽处病发展快，7~8月气温高时病斑发展快，到9月病斑扩大到最大。

在老林和萌芽林内发生较多，在青壮油茶林较少发生。

阴坡、山坳、密林、土壤瘠薄以及抚育管理粗放的油茶林病重。

（四）防治方法

加强油茶林抚育管理，造林密度不要过大，以便通风透光，促进油茶生长健壮，增强抗病力。

结合油茶冬垦和修剪，彻底清除病株。修剪时，不要修剪大枝，以免伤口过大难愈合，病菌容易侵入。修剪和机械损伤的伤口要削光滑，再涂抹波尔多液消毒，然后涂油漆或塑料包扎，以防病菌入侵。病枝应集中烧毁。

对轻病枝干，应及时刮治，然后涂波尔多液保护。

禁止林内放牧。

八、油茶有害寄生植物及其防治技术

油茶寄生害植物主要有菟丝子、桑寄生、槲寄生、樟寄生、无根藤。

（一）发生与危害

油茶寄生害植物主要分布在热带和亚热带。主要是油茶林地经营管理粗放，导致生长多种侵害油茶生长发育的寄生植物。油茶被寄生植物危害后，致使生长势差、发芽晚、落叶早、少结果或不结果，严重时使油茶植株干枯衰亡。

（二）有害寄生植物种类及防治方法

1. 菟丝子

（1）植物特征

菟丝子是一年生没有叶的草质藤本，全寄生植物。茎软而细小，丝状红褐色。8～9月开花，花外黄白色，蒴果广椭圆形。10～11月成熟。种子扁球形，褐色，常发生在土壤比较湿润、杂草灌木较多的油茶林。种子落地后，萌发出幼苗，盘旋依附在附近的油茶树上，逐渐向上缠绕，最后根部萎缩断离土壤，这时缠绕在寄主体上的茎产生吸根，最后入侵油茶枝干组织中，夺取养分，逐渐分枝扩展，长成的一蓬没有根的藤，将油茶紧紧裹住，使寄主逐渐衰弱，轻则减产，重则整株死亡。

（2）防治方法

①发现危害时，立即将菟丝子和被害部分除掉，不能让其开花结果和扩大蔓延。

②喷药液：5～10月，用敌草腈或2%～3%五氯代酚钠盐和二硝基酚氨盐；也可选用对油茶无药害的化学除草剂。

2. 桑寄生

（1）植物特征

桑寄生为小灌木，是一种半寄生性的植物。枝条灰色，叶对生或互生，花紫红色，圆筒形；种子繁殖，果实浆果，球形，每果有种子一粒。危害油茶的桑寄生有多种，有时一株油茶树上有多种桑寄生发生，严重时整个树冠全被桑寄生的枝叶所代替。油茶受害后生长势极差，最后全株枯死。

（2）防治方法

加强抚育管理，发现寄生害及时清除；抚育管理要连年坚持，减少被害，才可防止桑寄生的发生。

3. 槲寄生

（1）植物特征

槲寄生是常绿半寄生小灌木，黄绿色，呈双叉分枝，枝的顶端着生叶片一对，叶对生，厚革质，倒卵形。果实为橙黄色浆果。侧根产生不定芽，寄生于各种寄主的树皮，形成新植株。

（2）防治方法

①结合抚育，及时清除寄生枝。

②寄生植物发生时，用高浓度硫酸亚铁喷洒在寄生植物上杀死寄生植株。

4. 无根藤

（1）植物特征

无根藤是缠绕性草本植物，幼年期靠自体营养，后期才寄生在油茶树上。以种子越冬繁殖，借盘状吸根攀附在寄主上。无根藤喜欢阳光、温暖，寄生在油茶树上，8月开花，花白色，极小，肉质浆果，球形，无根藤吸器在寄主体内能分枝扩展。无根藤的茎将寄主树冠紧紧裹住，阻挡寄主叶片接受阳光，严重影响油茶的生长发育，最后全树枯死。

（2）防治方法

①加强抚育管理，砍去杂灌木，清除杂草，适当整枝，以利于油茶生长，促使林地早日荫蔽，减少无根藤发生。

②冬季深挖垦复，砍除缠绕在油茶树上的无根藤，将残藤从寄主树冠上除掉。

第三章

油茶主要虫害及其防治技术

油茶生长过程中经常遭受虫害，虫害与病害一样也是导致油茶减产的主要原因之一，影响油茶的产量和品质。油茶虫害种类众多，常见有茶籽象甲（油茶象、油茶象鼻虫、山茶象）、油茶毒蛾、油茶尺蠖、茶梢蛾（茶尖蛾、茶梢蛀蛾）、油茶织蛾（油茶蛀茎虫、茶枝镰蛾）、黑跗眼天牛（油茶蓝翅天牛）、茶天牛、油茶枯叶蛾（油茶毛虫）、油茶叶蜂、油茶叶甲、油茶金龟子（铜绿金龟子、油茶丽金龟子、大粉白金龟子）、白蚁（黄翅大白蚁、黑翅土白蚁）、油茶刺蛾（扁刺蛾、丽绿刺蛾、黄刺蛾）、八点广翅蜡蝉、广西灰象、假眼小绿叶蝉、油茶刺绵蚧、茶蚕等。曾经大暴发的油茶害虫主要有以下几种。

茶籽象甲是茶果和种子的主要害虫，因受其害造成茶树大量落果，严重影响茶油产量。

油茶毒蛾是食叶性大害虫，在全国油茶产区均有发生，被列为全国十二大害虫之一，虫害在湖南、江西、福建、广西等省（自治区）较为突出；在大发生时，往往连小枝皮一起被咀食殆尽，连遭其害，致使整片茶林枯死，连续7～8年减产。

油茶尺蠖也是油茶上的主要食叶害虫之一，曾被湖南省列入重要森林害虫，在湖南、浙江曾大暴发。

茶梢蛾主要危害春梢，各地均有发生，但以浙江、云南、四川等一些地方发生严重。

蓝翅天牛是钻蛀性害虫，危害也十分普遍，受其害的油茶树不仅枝条的生长受到严重影响，而且减少坐果率。

油茶刺绵蚧是刺吸性害虫，大发生时，不仅茶树的叶、嫩枝被吸食而枯萎，同时，滋生大量烟煤病，致使整个茶林一片漆黑，形似火烧，严重影响茶林的光合作用，使受害茶林枯竭而死，当年颗粒无收，幸存者也将影响3～4年产量。

油茶叶蜂、金龟子、茶天牛、茶蚕等害虫也给油茶林带来了很大的灾害。

一、茶籽象甲及其防治技术

茶籽象甲又名油茶象、油茶象鼻虫、山茶象，是危害油茶果实和种子的主要害虫。

（一）发生与危害

茶籽象甲在我国大多数油茶产区都有分布。寄主植物主要为油茶，幼虫、成虫均危害油茶果实，但以幼虫蛀害较为严重。幼虫取食籽仁（图3-1），造成大量落果，并引起油茶炭疽病，落果率25%～40%，使油茶严重减产。成虫也取食茶果，影响茶果产量和质量；成虫还能取食嫩梢表皮，使嫩梢枯死。

图3-1 茶籽象甲幼虫危害油茶果

图3-2　茶籽象甲成虫

（二）识别特征

成虫：体黑色，长8～11mm，鞘翅上有白色鳞片形成的斑块，在中部的花斑几乎连成一条白色横带。头半球状，前端延伸成细长弯曲的管状喙，咀嚼式口器着生在头管前端；触角膝状（图3-2）。

卵：长约1mm，黄白色，长椭圆形，一端稍尖。

幼虫：幼虫体长10～20mm，多为金黄色。头深褐色，体弯曲多横皱。

蛹：体长9～11mm，乳白或黄白色；复眼黑色；前蛹期头管及足半透明，以后变为红褐色，腹末具短刺尾须1对。

（三）发生特点

茶籽象甲一般两年1代（少数地区一年1代），越冬成虫于翌年4月下旬陆续出土，吸食油茶嫩果汁液，使受害严重的茶果不能成熟而提早落地。

成虫于5～6月盛发并产卵于幼果内，产卵时雌成虫先在茶果上觅找适当部位，用头管口器先在果皮蛀一小圆孔（图3-3），穿透果皮深达种仁，然后再转过身体把尾部产卵管插入蛀孔果内进行产卵。幼虫

图3-3 成虫在果皮蛀的小圆孔

在果内孵化即取食果仁，9～10月陆续出果入土越冬。

幼虫在越冬土内化蛹和羽化成虫，至来年4月成虫再出土危害。

凡幼虫蛀食的茶果，同成虫蛀害一样不能成熟，致使茶果提早脱落。6月前，主要是成虫造成的落果，7月以后，主要是幼虫啃食种仁引起的落果。

成虫喜荫，飞翔力弱，有假死性。对光源有负趋性，对金银花及糖醋酒液有趋性。

虫害在荫蔽潮湿的环境发生严重，一般阴坡多于阳坡，密林多于疏林，老林多于幼林，冠上多于冠下，大面积连片林多于小面积零星油茶株。

一般早熟品种类型受害较轻，迟熟品种类型中，'紫红球'和'紫红桃'是抗虫力较强的品种，受害率为15%～16%，而青皮类型受害最严重，受害率达37%～42%，而且其感染炭疽病也很严重。

（四）防治方法

1. 营林措施

选择抗虫品种种植。冬挖夏铲，林粮间作，修枝抚育，以降低虫口密度，减轻危害；在7~9月的落果高峰期，定期收集落果，并集中烧毁，以消灭大量幼虫。或在油茶树周围栽植金银花或林下套种金银花，诱集成虫效果较好，以保护油茶果。

2. 诱杀防治

在树上挂糖醋液进行诱杀防治。

3. 生物防治

在高温高湿的6月份，用白僵菌或绿僵菌剂喷治成虫，效果较好。保护利用油茶林中的山雀等鸟类天敌捕食成虫和幼虫。

4. 化学防治

发生严重的油茶林，在4~7月成虫盛发期，可选用绿色威雷300倍液，或噻虫啉500倍液喷施1~2次。喷药时注意将地面喷湿。幼虫出果期，于地面撒施药粉、石灰对其杀灭。

二、油茶毒蛾及其防治技术

油茶毒蛾又名茶黄毒蛾、茶斑毒蛾、油茶毛虫、毛辣虫、茶辣子，为鳞翅目毒蛾科害虫，是油茶主要的食叶害虫之一。

（一）分布与危害

该虫在全国各油茶产区均有分布，广泛发生于我国多个省区。在华东、华中、华南等地区易发生虫灾。幼虫取食叶片，吃光后也取食嫩树皮和幼果等，使油茶枯死或大量减产。

（二）识别特征

成虫：体长10～12mm，前翅中部有2条弯曲的黄白色横带、翅顶角黄斑内有2个黑色圆点。雌成虫黄褐色，雄成虫深褐色。雌蛾体型稍大，雄蛾体型稍小（图3-4）。

卵：扁圆球形，浅黄色，直径0.8mm；卵块椭圆形，被毛，每块有卵百余粒。

幼虫：体长11～20mm，4～11节两侧各有黑瘤突起两对，背上一对较大，瘤上簇生黄色毒毛。若人体皮肤触及，红肿痛痒难忍，甚至中毒（图3-5）。

蛹：近似于圆锥形，长8～12mm，浅咖啡色，密生黄色短毛，末端有1束钩状尾刺，蛹外有丝质薄茧。

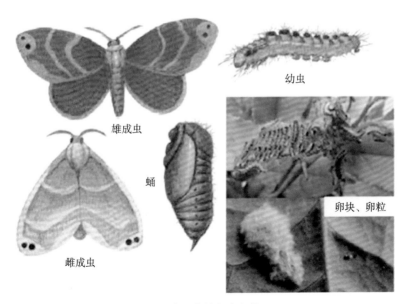

图3-4　油茶毒蛾各虫态特征

图3-5　油茶毒蛾幼虫

（三）发生特点

一年2～3代，以卵越冬。

翌年3月中旬～4月中旬孵化，1～2龄幼虫仅食叶肉，并会吐丝迁移枝顶。4龄以后，大量取食叶片，以5～7龄幼虫取食量较大。幼虫能吐丝结网，受惊即吐丝下垂，烈日高温下，幼虫常躲到茶丛下部荫蔽处。幼虫老熟后，下爬到树基部附近群集结茧化蛹。一般5月下旬开始化蛹，6月上旬开始出现成虫。

幼虫常聚集危害，喜欢较高湿度，水边路边洼地发生较多，树的下部和山脚处也较多。成虫具有趋光性，常迁移转换至新环境取食。

多分布在海拔100～200m的丘陵山区，油茶多为20～30年生，树高平均1～2m。发生在洼地较多，坡地较少，山顶最少。

（四）防治方法

1. 营林措施

选用抗虫优质苗木造林，施足有机肥，控制氮肥的施用，提高茶树抗病虫能力。加强林间管理，及时剪去过密的交叉枝、重叠枝和病虫枝等，培养良好的树体结构。

2. 物理防治

在油茶林中用杀虫灯诱杀成虫。

3. 生物防治

在4月中下旬虫口密度较高时，在早、晚或雨水后喷撒白僵菌粉。可在1～3龄幼虫期，用苏云金杆菌制剂、苦参碱、鱼藤酮等生物药剂防治。保护利用天敌茶毛虫黑卵蜂、赤眼蜂、茶毛虫绒茧蜂等。

4. 化学防治

幼虫发生期，于3龄前可用0.2%阿维菌素2500～3000倍液，或甲维盐药剂600～800倍液对虫体喷雾进行防治。

三、油茶尺蠖及其防治技术

油茶尺蠖又名油茶尺蛾、量步虫、造桥虫、吊丝虫等，是油茶的主要食叶害虫之一。属鳞翅目尺蛾科。

（一）发生与危害

油茶尺蠖在各油茶产区均有发生。以幼虫危害叶片，危害严重时，老叶及嫩叶、嫩茎全被吃光，造成落果，使油茶树仅剩枝干，逐渐枯死。大发生时可将成片油茶树叶吃光，受害部形似火烧，果实早落，造成油茶大减产。

（二）识别特征

幼虫：幼虫在爬走的时候，身体一伸一宿，好像量步一样。体长可达54mm，黄色，杂生黑褐色斑点，头顶有显著的三角形凹陷（图3-6）。

成虫：体长14～18mm，灰褐色。

卵：近圆形，细小，初产时草绿色，以后逐渐变为黄褐、黑褐色。

蛹：棕黑色，椭圆形，头顶两侧具有刻纹的耳状突起2个。

图3-6　油茶尺蠖幼虫

（三）发生特点

油茶尺蠖一年发生1代，以蛹在油茶树苑周围疏松土壤中越冬。

翌年2月中、下旬开始羽化、交尾、产卵。2月下旬至3月上旬为产卵盛期，3月下旬孵化出幼虫，6月上、中旬幼虫老熟后下树化蛹，越夏、越冬。

幼虫初孵有群栖性，清晨及黄昏后取食量最重，取食嫩叶表皮，体长增加后吃老叶，吃光一树后即吐丝下垂转移。幼虫6龄，前3龄时间较短，约20天，后3龄时间较长，约40天，整个幼虫期约2个月。

由初期少量的虫源地到中期多量的暴发点，暴发点迅速扩大，形成很多暴发片，若干暴发片相互衔接，则连成大面积发生区。

一般发生在海拔高度200～350m的丘陵谷地、向阳地带。

（四）防治方法

1. 营林措施

秋、冬季结合垦复进行培土将蛹埋在6cm以下土中，使之不易羽化。合理使用氮肥，增施磷、钾肥，定植后及时追肥。实行轮作。

2. 物理防治

油茶尺蠖成虫有趋光性，在油茶林边缘设置黑光灯，诱杀成虫。在幼虫群集危害时，用竹竿震动树枝叶，将吐丝下垂的幼虫杀灭。

3. 生物防治

用白僵菌、苏云金杆菌每毫升1亿～2亿孢子的菌液，或青虫菌液每毫升1亿～2亿孢子，喷杀2～3龄幼虫进行防治，防治效果较好。保护利用天敌如竹鸡、姬蜂、土蜂等。

4. 化学防治

在幼虫2～3龄期，可喷洒1.8%阿维菌素乳油，或15%吡虫啉可湿性粉剂，或1.2%苦烟乳油进行防治。

四、油茶茶梢蛾及其防治技术

油茶茶梢蛾又名茶梢尖蛾、茶梢蛀蛾，简称为油茶茶蛾，是危害油茶枝梢的主要害虫之一，导致油茶减产严重。

（一）发生与危害

茶梢蛾是钻蛀在油茶当年梢内的一种隐蔽性害虫。在油茶新、老产区均有分布。

初孵幼虫潜食叶肉，形成半透明淡黄色的虫斑，直径约3～5cm。长大后由叶片迁至枝梢内蛀食，转到嫩梢中危害，致使被害顶梢膨大，顶芽失水而枯死。被害枝梢枯死后又可转移其他梢危害，一条幼虫可以加害多个枝梢，往往造成满树枯黄，不能正常形成花芽。被蛀枝梢有蛀孔（图3-7，图3-8）。

茶梢蛾危害可使油茶减产1/3～2/3，严重时甚至失收。一般在丘陵地区的青壮油茶林成灾，被害春梢率占萌发梢的40%，严重影响油茶生长和来年结实。

图3-7 茶梢蛾幼虫枝梢内蛀食

图3-8 被蛀枝梢的蛀孔

（二）识别特征

幼虫：老熟幼虫体长7～10mm，淡黄色，头部棕褐色。全身不规则分布褐色肉瘤状凸起（图3-9，图3-10）。

成虫：体长4～6mm，全身密被银灰色的鳞毛。复眼大，黑亮。前翅正面近后缘处有2～3撮黑毛。

卵：椭圆形，淡黄色，微小。

蛹：黄褐色，长筒形，长5～7mm。

（三）发生特点

油茶茶梢蛾一年发生1代。

以幼虫在茶梢或叶片内越冬，3月中旬至4月转为蛀嫩梢危害。6月为化蛹

图3-9　茶梢蛾幼虫

图3-10　茶梢蛾幼虫危害状

盛期，7月为成虫羽化盛期。7月下旬至9月下旬新幼虫发生，危害叶片。10月中旬到翌年4月上旬迁移枝梢内危害。

茶梢蛾在老林、幼林、高山、低山、丘陵均有发生。丘陵地区比

低山区、中山区危害严重，山脚比山腰、山顶危害严重，稀疏林比集中连片危害严重，纯林比混交林危害严重。

茶梢蛾的发生量与油茶林管理水平及郁闭度具有一定关系，合理修剪的油茶林发生量较少，郁闭度大的油茶林发生量较多；天敌寄生率越高，油茶林发生相对较少。

（四）防治方法

1. 苗木检疫

调运苗木时要加强检验，防止传播蔓延。

2. 营林措施

茶梢蛾在枝梢内越冬，在冬春季节进行全园修剪，修剪的深度以剪除幼虫（枝梢有虫道的部位）为度，修剪后的虫梢暂时堆放在茶林附近，待寄生蜂类羽化后再集中烧毁或深埋。不但可以显著降低虫口密度，还可有效保护天敌。此法简便，省工省钱，杀虫效果好。

3. 物理防治

根据茶梢蛾成虫趋光性强的特性，利用黑灯光诱杀效果良好。

4. 生物防治

每年3月中、下旬越冬幼虫转蛀时，用含孢子2×10^8个/mL的白僵菌喷雾或喷粉。也可利用天敌小茧蜂、大山雀、蚂蚁等进行防治。

5. 化学防治

在幼虫孵化后至转蛀枝梢越冬前（10月）及时进行化学防治。药剂可选用90%敌百虫晶体1000倍液，或50%巴丹粉剂1500倍液，或2.5%天王星乳油2500倍液药液。喷药时务必将有虫斑的叶背喷湿。

五、油茶织蛾及其防治技术

油茶织蛾又叫油茶蛀茎虫、茶枝镰蛾、油茶蛀蛾、油茶钻心虫。属鳞翅目织蛾科，是油茶主要枝干害虫之一。

（一）发生与危害

油茶织蛾是油茶重要的钻蛀性害虫之一，幼虫藏于枝干内，危害隐蔽。在我国油茶产区均有分布。一般老油茶林和密度大的油茶林发生较多。幼虫从上而下蛀食茶枝，受害枝干中空枯死，茶果产量下降。

（二）识别特征

幼虫从上而下蛀食茶嫩茎、枝干，在危害枝上形成排泄孔，排泄孔下方叶面或地面有棕黄色圆柱形颗粒状虫粪，这是鉴定此虫危害状的主要特征。如果在枝干下方发现比排泄孔稍大而椭圆形的孔洞，外部有丝黏结封闭时，则幼虫已化蛹。成虫夜间活动，有趋光性。

成虫：体长12～16mm，体被灰褐色和灰白色鳞片（图3-11）。

卵：扁圆形，长1mm，赭色。卵上有花纹，中间略凹。

幼虫：体长25～30mm，乳黄白色。腹末2节背板骨化，黑褐色。

虫蛹：长圆筒形，体长16～24mm，黄褐色。

图3-11　油茶织蛾成虫

（三）发生特点

油茶织蛾一年发生1代，幼虫在被害枝干内越冬。

次年3～4月开始化蛹，4～5月为化蛹盛期，5～6月为成虫羽化盛期，6月中、下旬幼虫大量发生。

该虫危害程度与品种存在相关性，对'衡东大桃'危害率高于'霜降籽'。

（四）防治方法

1. 营林措施

对较密的油茶林应及时疏伐与修剪，控制在每亩60～100株，保证林内通风透光。每年剪除被害枯枝，集中烧毁。

2. 物理防治

成虫趋光性强，在虫口密度大时，可在羽化盛期进行灯诱，连续诱杀2～3年，可收到良好效果。

3. 生物防治

对3～4龄幼虫，用苏云金杆菌含孢子数0.5亿～1亿/mL的菌液进行防治。保护利用天敌寄生蜂如茧蜂等进行防治。

4. 化学防治

在幼龄幼虫危害期，可喷洒阿维菌素或鱼藤精300～400倍液进行防治。油茶织蛾主要以幼虫钻到树体内蛀食危害油茶枝干，化学防治的效果不是很明显。

六、黑跗眼天牛及其防治技术

黑跗眼天牛又名蓝翅眼天牛、茶红颈天牛，危害油茶枝干。属鞘翅目天牛科，是我国的特有种。

（一）发生与危害

我国各油茶产区均有分布，但以淮河以南为主要分布区，以北则少，局部油茶产区危害较严重。幼虫蛀害枝干，常绕食油茶树皮层一周，然后蛀入干心危害，被害处形成多个肿瘤，轻则生长不良，重者易折断或枯死，对油茶树势及产量影响很大。成虫咬食叶片主脉，引起叶片枯黄脱落。

（二）识别特征

被害枝干常形成结节，容易识别。

成虫：体长9～13mm，头部酱红色，其上被深棕色竖毛。复眼黑色。鞘翅紫蓝色，被黑色竖毛，各足胫节端部和跗节黑色（图3-12）。

卵：圆形，长约2～3mm，黄色。

图3-12　黑跗眼天牛成虫

图3-13　黑跗眼天牛危害状、成虫、幼虫

　　幼虫：体长18~22mm，扁筒形，头和前胸棕黄色，上颚黑，胸、腹节皆黄色（图3-13）。

　　蛹：体长15mm，体色橙黄，翅芽和复眼黑色。

（三）发生特点

湖南、福建一年发生1代，贵州、江西两年发生1代。

黑跗眼天牛幼虫在被害枝干内越冬，3月下旬至5月中旬化蛹，4月下旬至6月中旬出现成虫产卵，6月中旬至7月中旬幼虫孵化。幼虫期长。

黑跗眼天牛幼虫老熟后在结节上方咬一圆形羽化孔，然后在虫道内化蛹。

成虫羽化后遇晴好天气咬穿羽化孔爬出虫道。出孔成虫稍作停留即飞向油茶树冠，取食叶片和嫩枝皮。经3～4天补充营养后交尾产卵。产卵时，雌虫将树皮咬破成新月形刻槽，然后产卵于刻槽裂缝皮层下。产卵部位以离地面50cm左右为多见。

黑跗眼天牛成虫多喜停在茶丛上部叶背，咬食叶背主脉。

（四）防治方法

黑跗眼天牛主要以幼虫钻蛀枝干造成危害。因其隐蔽在枝干内部，杀灭较困难。但被害枝干常形成结节，容易识别。

1. 营林措施

选育抗虫品种；结合油茶林抚育，修剪灭虫。受害枝膨大明显，且易风折，经济价值不高，可在冬季结合抚育管理剪去虫枝，及时烧毁，但在主干基部和有些主枝上的结节是不宜剪除的。即使只修侧枝，当虫口密度很大，被害枝很多时，大量剪除，也势必影响树势，建议用药剂防治。

2. 物理防治

成虫发生期用灯光诱杀成虫。因成虫产卵痕清晰，可于4月底5月

初，用锤击产卵刻槽，以杀死卵。

3. 生物防治

用生防菌剂，林间释放白僵菌粉炮或喷施苏云金杆菌进行防治。保护和利用天敌，释放肿腿蜂或黑跗眼天牛扁寄蝇等防治。把百部根切成4～6cm长或半夏的茎叶切碎后塞进虫孔进行防治。

4. 化学防治

4月下旬至6月上旬，在成虫活动及产卵高峰期，用绿色威雷300倍液，或8%的氯氰菊酯微胶囊剂300～500倍液喷枝干触杀成虫。

对于能找到幼虫蛀道的天牛可用25%辛氰天牛净毒签插入蛀道。或在成虫出土前用生石灰5kg、硫黄粉0.5kg、牛胶0.25kg，兑水20L调和成白色涂剂，涂在距地面50cm的枝干上或根颈部，可减少天牛产卵。

七、绿鳞象甲及其防治技术

绿鳞象甲又称蓝绿象、绿绒象虫、棉叶象鼻虫、大绿象虫，是鞘翅目象甲科的一种杂食性食叶害虫。食性极杂，除危害油茶外，还危害多种果树、林木及农作物（涉及57科183种）。

（一）发生与危害

我国各地均有发生，淮河以南常见。幼虫孵化后钻入土中10～13cm深处，取食土壤中有机质与细根。成虫取食林木的嫩枝、芽、叶，造成缺刻或孔洞，叶片残缺不全，甚至咬断新梢、花序梗和果柄，造成大量落花落果，严重时还啃食树皮，影响树势或使全株枯死。

（二）识别特征

成虫：体长15～18mm，体黑色，密披墨绿、淡绿、淡棕、古铜、灰、绿等闪闪有光的鳞毛，有时杂有橙色粉末。复眼十分突出，雌虫腹部较大，雄虫较小（图3-14）。

幼虫：末龄幼虫体长15~17mm，体肥大，多皱褶，无足，乳白色至黄白色。

卵：长约1mm，卵形，浅黄白色，孵化前暗黑色。

蛹：长约14mm，黄白色。

图3-14　绿鳞象甲成虫

（三）发生特点

长江流域一年发生1代，华南1年2代。

以幼虫或成虫越冬，在广东成虫于每年4~6月发生，危害最盛，至年终仍可见成虫危害。在浙江、江西一带，发生期要迟l~2个月。

成虫具假死性，卵、幼虫、蛹均生活在土中。

靠近山边、杂草多、荒地边的油茶受害重。

（四）防治方法

1. 营林措施

清除油茶林内及周围杂草，在幼虫期和蛹期结合中耕，每亩可用95%的巴丹300g拌土施于树冠下，然后翻松土壤，可杀死部分幼虫和蛹。

2. 物理方法

用胶粘杀。用桐油加火熬制成胶糊状，涂在树干基部，宽约10cm，象甲上树时即被粘住。涂一次有效期2个月。

3. 生物防治

可选用白僵菌菌粉每亩1~2kg拌细土撒施于土表。

4. 化学防治

成虫盛发期，喷洒90%巴丹可湿性粉剂1000倍液，或50%的辛硫磷800~1000倍稀释液，或敌百虫100倍液进行防治。喷药时，树冠和树旁下面的地面均要喷湿。由于绿鳞象甲鞘翅较厚，尽量避免使用菊酯类等触杀性药剂。

八、油茶枯叶蛾及其防治技术

油茶枯叶蛾又名油茶大毛虫、茶枯蛾、栎毛虫、杨梅毛虫及松大毛虫等，属枯叶蛾科，是枯叶蛾类个体最大的害虫之一。除了危害油茶树外，还会危害板栗、马尾松、湿地松、白栎、杨梅、苦槠、锥栗、麻栎等阔叶林的枝梢（枯梢）和叶部。

（一）发生与危害

油茶枯叶蛾分布于湖南、江西、浙江、江苏、台湾、广西。以危害油茶为主，是马尾松林的次要害虫。局部地区危害严重，将整株或成片油茶叶片吃光，因虫体大，危害期长，受害枝条多枯萎，甚至引起树体死亡，对油茶产量影响很大。

（二）识别特征

成虫：体色变化较大，有黄褐、赤褐、茶褐、灰褐等色（图3-15）。

幼虫：幼虫体黑褐色，头深黑色，有光（图3-16）。

卵：呈灰褐色，球形，直径2.5mm，上下球面各有1个棕黑色圆斑。

蛹：呈长椭圆状，暗红褐色。头顶及腹部各节间密生黄褐色绒毛。

图3-15　油茶枯叶蛾成虫

图3-16　油茶枯叶蛾幼虫

（三）发生特点

该虫一年发生1代，以卵越冬，次年3月底至4月初开始孵化。幼

虫期长达6个月，8月下旬老熟幼虫吐丝结茧，9月底至10月初羽化、产卵。

初龄幼虫喜群集取食，吐丝结成袋状薄膜群居，3龄后分散危害，4龄后白天静伏于树干下部或阴暗处，在黄昏和清晨取食；老熟幼虫在受害树上或灌木丛中吐丝结茧化蛹。

成虫夜间活动，有强趋光性。

油茶枯叶蛾多生活在低矮的丘陵地带，500m以上的高山很少发现。随着高度的增加，虫口显著降低。

虫口密度还与林分组成有密切关系，一般在油茶与马尾松的混交林中发生较严重，而在纯油茶林中虫口密度反而较小。

（四）防治方法

1. 营林措施

结合垦复，可培土7~10cm，并打实，使土中蛹不能羽化。适当密植、抚育施肥，修剪密度过大的林地，清除油茶林中的马尾松。

2. 物理防治

利用成虫的趋光性，采用黑光灯进行捕杀，或树干扎草把诱集、消灭结茧化蛹幼虫。油茶枯叶蛾卵粒大，成块状，目标明显，特别是茧大且固定，可人工摘卵、茧。

3. 生物防治

幼虫初孵时或低龄幼虫期，用白僵菌或油茶枯叶蛾多角体病毒5×10^8PIB/mL，或用苏云金杆菌可湿性粉剂300~500倍液等生防菌剂防治；卵期可以利用赤眼蜂天敌防治。

4. 化学防治

低龄幼虫期，喷洒25%灭幼脲Ⅲ号1500倍液，或1%阿维菌素2000

倍液，或0.36%苦参碱1000倍液，或50%马拉硫磷乳油1000倍液等进行防治。

九、油茶叶蜂及其防控技术

油茶叶蜂又名油茶青虫，是油茶主要害虫之一，属膜翅目广腰亚目叶蜂科。

（一）发生与危害

分布于湖南、江西、福建等地。幼虫危害油茶春梢嫩叶，大发生时，一个枝条上幼虫达1000余条，新梢嫩叶咀食一光，新叶食光后，老叶也取食殆尽，油茶新老叶全被吃光，严重影响油茶产量。被害的油茶于5月下旬再萌新梢，其梢短，叶片小，往往形成多头梢（即在被害梢基部再萌出2~3个短梢），很少结果，或坐果后大量落果。

（二）识别特征

成虫：体长6~8.5mm，头部黑色。中胸发达，黑褐色。腹部蓝黑色，距两个，胫节和附节为淡黄色（图3-17）。

卵：淡黄色，较透明，椭圆形。

幼虫：体长18~22mm，深绿色，透明，圆筒形。体节各节具有数条假横纹（图3-18）。

蛹：裸蛹6~7mm，体为长椭圆形，浅黄色。

图3-17　油茶叶蜂成虫

图3-18　油茶叶蜂幼虫

（三）发生特点

在湖南、江西一年发生1代，以老熟幼虫在土中越冬。

成虫产卵于萌动的芽内。产卵时，雌蜂锯破芽苞，将卵用黏液沾于芽内第3~5片嫩叶的正面，每芽产卵2~5粒。幼虫有假死性。

初龄幼虫群栖危害，常数条一起将全叶食光仅留主脉，4~5龄幼虫分散危害。在虫口密度大、缺食的情况下，嫩枝亦被啃食而枯死。

成虫无补充营养和取食现象，无趋光性，飞翔扩散力不强。

（四）防治方法

1. 营林措施

营造混交林，改善生态环境，提高抗虫能力。结合冬季垦复，消灭幼虫或蛹。

2. 物理防治

用幼虫的集中性及假死性，在3龄后，用塑料布摊在树下，摇落幼虫进行人工捕杀。

3. 生物防治

在虫口密度不大的情况下，用浓度为1亿孢子/mL的白僵菌喷撒，有较好效果。

4. 化学防治

在幼虫爬出芽苞后，每亩用2.5%溴氰菊酯5000倍液喷杀，或用40%的福戈水分散粒剂乳油3000倍液喷雾芽苞和叶进行防治。

十、茶角胸叶甲及其防控技术

茶角胸叶甲又名黑足角胸叶甲，是危害茶树、油茶的重要害虫。

（一）分布与危害

茶角胸叶甲是近年南方油茶产区危害成灾的新害虫。成虫咬食油茶新梢嫩叶或成叶，呈排列不规则的小洞（图3-19）。在新造林地，油茶新梢叶片被取食成无数孔洞，呈现凋萎枯黄状极易脱落。在成熟林中，主要危害植株中下部叶片，由于成熟油茶树叶片较多，危害相对较小，但严重发生时整个油茶林叶片被取食成千疮百孔，出现大量叶片掉落的现象。

图3-19　受害叶片

（二）识别特征

成虫：体淡棕色至深褐色，触角丝状，三对足，前胸背板两侧中部角状，鞘翅红褐色，合翅后近尾端常透见黑色（图3-20）。

卵：椭圆形，淡黄色，长约1mm。

幼虫：乳黄白色，老熟时转黄白色，体长5.0~6.0mm。

蛹：黄白色，长约4mm，椭圆形。

图3-20 茶角胸叶甲成虫

（三）发生特点

在湖南、广东一年发生1代，以老熟幼虫在根际土中越冬。次年5月中旬至6月中旬成虫盛发，7月中旬成虫渐绝迹。

成虫白天静伏于表土内或落叶下并在此产卵，黄昏后上树食叶，阴雨天则昼夜取食。夜晚具短距离飞翔力，成虫后期有假死性。

幼虫共4龄，在表土内取食须根，老熟后作圆形土室，蛰伏越冬。

（四）防治方法

1. 营林措施

结合营林抚育管理，在冬季或早春进行垦复，破坏幼虫和蛹的栖息场所，致其死亡。成虫盛发期清除林地的枯枝落叶，消灭其中的成虫和卵。加强检疫，培育抗虫品种。

2. 物理防治

利用成虫的假死性，在成虫盛发期的早晚，将涂有黏着剂的薄膜摊放油茶树下，然后摇动油茶树或用小竹竿轻敲，成虫即掉落在薄膜上，再集中消灭。

3. 生物防治

可选用白僵菌、绿僵菌、苏云金杆菌等生物杀虫粉剂拌细土撒施于在油茶林土表，防治幼虫和蛹。如能结合垦复进行，效果更佳。用药要尽量避开油茶盛花期，以免伤及传粉昆虫。保护林间鸟类、蚂蚁、蜘蛛、步甲等捕食性天敌。

4. 化学防治

成虫羽化后10～15天，是防治适期，及时喷洒杀虫剂，隔10天再防一次。杀虫剂可选用高效、易降解、选择性强、水中溶解度较低的

农药，如2%噻虫啉微胶囊悬浮剂1000～3000倍液，或50%马拉硫磷1000倍液，或4%联苯菊酯乳油3000～4000倍液，或2.5%溴清菊酯乳油3000～5000倍液，或5%锐劲特悬浮剂1000～1500倍液等进行喷雾。

第四章

无公害农药安全使用技术

无公害农药是指"高效、低毒、低残留、与环境相容性好、可用于无公害农产品生产"的农药制剂。推广应用无公害农药是保障油茶高产和提高茶油品质的需要，应用无公害农药，生产无公害绿色茶油，实现以人为本，保证广大群众生命健康。

目前，油茶生产过程中病虫害防治手段主要是喷洒农药。科学、合理地选用农药和掌握正确的农药使用技术，是生产符合国家或行业标准要求的安全、营养、健康无公害茶油的保证。在使用农药时，尽可能选用无公害农药，同时，要因病、虫及时施药，并科学使用农药，掌握农药的配制、使用方法，在合适的时间喷施农药，充分发挥农药作用，减少其负面影响。

一、无公害农药的概念和种类

（一）无公害农药的概念

无公害农药安全、低毒，对环境的不良影响很小。它指的是用药量少，防治效果好，对人畜及各种有益生物毒性少或无毒。要求在外界环境中易于分解，不造成对环境及农产品污染的高效、低毒、低残留农药。包括生物源、矿物源（无机）、有机合成农药等。

（二）无公害农药种类

无公害农药可分为两大类：生物源农药和非生物源农药。生物源农药又可分为微生物源农药、植物源农药和动物源农药。非生物源农药又包括矿物源农药和有机合成农药。

1. 生物源农药

（1）微生物源农药：白僵菌、苏云金杆菌（Bt）、蜡质芽孢杆菌、阿维菌素、抗菌剂、多抗霉素、农抗120、春雷霉素、多氧霉素、井冈霉素、华光霉素等。

（2）植物源农药：苦皮藤素、绿保威、草木灰、除虫菊素、鱼藤酮、烟碱、植物乳油剂、大蒜素、印楝素、苦楝、川楝和芝麻素等。

（3）动物源农药：性信息素、灭幼脲Ⅲ号、抗蚜威、灭蚜松。

2. 非生物源农药

（1）矿物源农药：石硫合剂、波尔多液、矿物油乳剂等。

（2）有机合成农药：多菌灵、百菌清、甲硫菌灵、吡虫啉、溴氰菊酯、乐果、氯氰菊酯、辛硫磷、拟除虫菊酯等。

二、无公害农药的剂型

农药原料合成的液体产物为原油，固体产物为原粉，统称原药。绝大多数农药原药由于其理化性质和有效成分含量很高而不能直接使用，实践当中，需要加工成不同的剂型。目前，常用的农药剂型有以下12种。

1. 粉剂（DP）

粉剂是由农药原药和填料混合加工而成。有些粉剂还加入稳定剂。填料种类很多，常用的有黏土、高岭土、滑石、硅藻土等。粉剂主要用于喷粉、撒粉、拌毒土等，不能加水喷雾。

2. 可湿性粉剂（WP）

可湿性粉剂是由农药原药、填料和湿润剂混合加工而成的。对可湿性粉剂的质量要求是应有好的润湿性和较高的悬浮率，悬浮率不良的可湿性粉剂，不但药效差，而且往往易引起作物受害。可湿性粉剂加水稀释，用于喷雾。

3. 乳油（EC）

乳油主要是由农药原药、溶剂和乳化剂组成，在有些乳油中还加

入少量的助溶剂和稳定剂等。常用的有二甲苯、苯、甲苯等。目前乳油是使用的主要剂型，但由于乳油使用大量有机溶剂，施用后增加了环境负荷，所以目前实际应用中有减少的趋势。

4. 颗粒剂（GR）

颗粒剂是由农药原药、载体和助剂混合加工而成。颗粒剂用于撒施，具有使用方便、操作安全、应用范围广及延长药效等优点。高毒农药颗粒剂一般做土壤处理或拌种沟施。

5. 水剂（AS）

水剂主要是由农药原药和水组成，有的还加入少量防腐剂、湿润剂、染色剂等。水剂加工方便，成本低廉，但有的农药在水中不稳定，长期贮存易分解失效。

6. 悬浮剂（SC）

悬浮剂又称胶悬剂，是一种可流动液体状的制剂。它是由农药原药和分散剂等助剂混合加工而成，药粒直径小于微米。悬浮剂使用时需兑水喷雾。

7. 超低容量喷雾剂（ULV）

超低容量喷雾剂是一种油状剂，又称为油剂。油剂不含乳化剂，不能兑水使用。这种制剂专供超低量喷雾机使用，或飞机超低容量喷雾，不需稀释而直接喷洒。由于该剂喷出雾粒细，浓度高，单位受药面积上附着量多，因此加工该种制剂的农药必须高效、低毒，要求溶剂挥发性低、密度较大、闪点高、对作物安全等。

8. 可溶性粉剂（SP）

可溶性粉剂是由水溶性农药原药和少量水溶性填料混合粉碎而成的水溶性粉剂，有的还加入少量的表面活性剂。使用时加水溶解即成水溶液，供喷雾使用。

9. 微胶囊剂（MC）

微胶囊剂是用某些高分子化合物将农药液滴包裹起来的微型囊体。该制剂为可流动的悬浮体，使用时兑水稀释，微胶囊悬浮于水中，供叶面喷雾或土壤施用。农药从囊壁中逐渐释放出来，达到防治效果。微胶囊剂属于缓释剂类型，具有延长药效、高毒农药低毒化、使用安全等优点。

10. 烟剂（FU）

烟剂是由农药原药、燃料（如木屑粉）、助燃剂（如硝酸钾）、消燃剂（如陶土）等制成的粉状物。在空气中的烟粒也可通过昆虫呼吸系统进入虫体产生毒效。烟剂主要用于防治森林、仓库、温室等病虫害。

11. 水乳剂（EW）

水乳剂为水包油型不透明、浓乳状液体农药剂型。不用油作溶剂或只需用少量。水乳剂原液可直接喷施，可用于飞机或地面微量喷雾。水乳剂使用较为安全。

12. 水分散性粒剂（WG）

入水后能迅速崩解、分散形成悬浮液的粒状农药剂型，是正在发展中的新剂型。与可湿性粉剂相比，它具有流动性好，易于从容器中倒出而无粉尘飞扬等优点；与浓悬浮剂相比，它可克服贮藏期间沉积结块、低温时结冻和运费高的缺点。

三、无公害农药安全使用技术

无公害农药虽然对人畜低毒或基本无毒，但仍然是农药中的一种，其科学使用对于油茶生产及生态环境至关重要。

（一）施药策略

在施药的过程中应讲究策略，遵守"预防为主、综合治理"的方针，主要是总体防治，治前顾后，治少保多，治前控后。把病虫草害控制在萌芽时期，用最小的代价，取得良好的防治效果。在控制病虫害的同时，避免伤害天敌。

（二）用药安全

1. 严格按照要求施药

在油茶生产中，根据防治对象和油茶品种控制农药的施药浓度、施药次数、用药量、使用方式，在考虑防治效果的同时，使油茶农药残留量达到无公害标准，保护环境，提升茶油品质。

2. 正确掌握农药操作规程

在农药使用的整个过程中，必须遵循相应的操作规程。操作人员在配药、喷药时应做好个人防护，防止农药污染皮肤，禁止在高温时喷药。农药喷施现场，应加强保管，防止人畜误食，且要防止其污染水源、土壤等，以免对水产养殖及人畜用水造成影响。

3. 妥善保管农药

保持农药标签完好，禁止与粮食及其他食品混放，且放在儿童触及不到的地方，剂型易燃的农药应远离火源，粉剂注意防潮，液体农药注意防冻，各种农药都应避免阳光直射。

（三）无公害油茶农药使用技术

1. 选择适合的农药

（1）优先选择生物农药。

（2）合理选用化学农药。

（3）严禁使用剧毒、高毒、高残留、高生物富集、高三致（致畸、致癌、致突变）农药及其复配制剂。

2. 对症下药

在充分了解农药性能和使用方法的基础上，根据防治病虫害种类，选用合适的农药类型或剂型和合适的浓度，不要人为地加大使用浓度。

3. 适期用药

根据病虫害的发生规律，严格掌握最佳防治时期，做到适时用药。对病害要求在发病初期进行防治，控制其发病中心，防止其蔓延发展，一旦病害大量发生和蔓延就很难防治；对虫害则要求做到"治早、治小、治了"，虫害达到高龄期防治效果就差。不同的农药具有不同的性能，防治适期也不一样。生物农药作用较慢，使用时应比化学农药提前2～3天。

4. 选用适当方法施药

不同的施药方法各有利弊，要根据防治对象的发生规律、危害特点、发生环境和药剂品种、制剂特性等情况，采取正确的施药方法。

5. 选择正确喷药点或部位

施药时根据不同时期不同病虫害的发生特点确定植株不同部位为靶标，进行针对性施药。达到及时控制病虫害发生、减少病原和压低虫口密度的目的，从而减少用药。

6. 科学用药

要注意交替轮换使用不同作用机制的农药，不能长期单一化，防止病原菌或害虫产生抗药性，利于保持药剂的防治效果和使用年限。尽量使用生物源农药并以预防为主，使用农药应推广低容量的喷雾法，并注意均匀喷施。

7. 合理混配药剂

采用混合用药方法，达到一次施药控制多种病虫危害的目的。但农药混配要以保持原有效成分或有增效作用，不增加对人畜有毒性并具有良好的物理融合性为前提。一般各中性农药之间可以混用；中性农药与酸性农药可以混用；酸性农药之间可以混用；碱性农药不能随便与其他农药混用；微生物杀虫剂（如Bt）不能同杀菌剂及内吸性强的农药混用；混合农药应随配随用。

8. 严格按照期限执行农药安全间隔

菊酯类农药的安全间隔期5～7天，有机磷农药7～14天，杀菌剂中百菌清、代森锌、多菌灵14天以上，其余7～10天。农药混配剂执行其中残留性最大的有效成分的安全间隔。

四、农药的配制技术

在生产实际中，人们在农药配制时操作不规范，没有发挥农药的最大效力，造成了农药的极大浪费，增加了用药成本，加速了病虫的抗性和环境的污染。掌握正确的农药配制技术，做到既不浪费又能达到防治的目的非常重要。在配制农药的过程中，除了低浓度的粉剂或颗粒剂可以直接喷施或撒施外，一般都要稀释到一定浓度后才能使用。

（一）农药的配制

1. 两步配药法

第一步：用少量的水把农药制剂调制成浓稠的"母液"。

第二步：用足量的水稀释到所需浓度。

2. 已产生沉淀的药剂的配药方法

（1）在原瓶中搅拌沉淀层使分散均匀，必要时可用水浴（将药瓶放入温水中）加温促使分散，不能在瓶中加水冲稀沉淀层。

（2）沉淀层稀释后，采用"两步配药法"，沉淀层不能稀释的，建议不要使用。

（二）配药的浓度

重量（g）=体积（mL）×比重（水的比重是1，配成药液一般也可把比重当做1）；

稀释后药量=商品药重×稀释倍数；

有效成分量=商品药量×浓度。

五、农药的使用方式

（一）喷雾

喷雾是借助于喷雾器械将药液均匀地喷布于防治对象及被保护的寄主植物上，是目前生产上应用最广泛的一种方法。

适合于喷雾的剂型有乳油、可湿性粉剂、可溶性粉剂、胶悬剂等。

在进行喷雾时，雾滴大小会影响防治效果，一般地面喷雾直径最好在50～80μm之间，喷雾时要求均匀周到。喷雾时最好不要选择中午，以免发生药害和人体中毒。

（二）喷粉

喷粉是利用喷粉器械产生的风力，将粉剂均匀地喷布在目标植物上的施药方法。此法最适于干旱缺水地区使用。适于喷粉的剂型为粉剂。

此法的缺点是用药量大，粉剂黏附性差，效果不如同药剂的乳油

和可湿性粉剂好，而且易被风吹失和雨水冲刷，污染环境。因此，喷粉时易在早晚叶面有露水或雨后叶面潮湿且静风条件下进行，使粉剂易于在叶面沉积附着，提高防治效果。

（三）烟雾法

把农药的油溶液分散成为烟雾状态的施药方法。烟雾法必须利用专用的机具才能把油状农药分散成烟雾状态。由于烟雾的粒子很小，在空气中悬浮的时间较长，沉积分布均匀，防效高于一般的喷雾法和喷粉法。

（四）飞机施药法

用飞机将农药均匀地撒施在目标区域内的施药方法，也称航空施药法。它是功效最高的施药方法。适用于飞机喷洒的农药剂型有粉剂、可湿性粉剂、水分散性粒剂、悬浮剂、干悬浮剂、乳油、水剂、油剂、颗粒剂等。

（五）种子处理

种子处理有拌种、浸种、浸苗、闷种四种方法。

拌种是指在播种前用一定量的药粉或药液与种子搅拌均匀，用以防治种子传染的病害和地下害虫。拌种用的药量，一般为种子重量的 $0.2\% \sim 0.5\%$。

浸种或浸苗是将种子或幼苗浸泡在一定浓度的药液里，用以消灭种子幼苗所带的病菌或虫体。

闷种是把种子摊在地上，把稀释好的药液均匀地喷洒在种子上，并搅拌均匀，然后堆起熏闷并用麻袋等物覆盖，经一段时间后，晾干即可。

（六）土壤处理

用药剂撒在土面或绿肥作物上，随后翻耕入土，或用药剂在油茶根部开沟撒施或灌浇，以杀死或抑制土壤中的病虫害。

（七）毒饵

利用害虫喜食的饵料与农药混合制成，引诱害虫前来取食，产生胃毒作用将害虫毒杀而死。常用的饵料有麦麸、米糠、豆饼、花生饼、玉米芯、菜叶等。饵料与敌百虫、辛硫磷等胃毒剂混合均匀，撒布在害虫活动的场所。主要用于防治蝼蛄、地老虎、蟋蟀等地下害虫。

（八）熏蒸

熏蒸是利用有毒气体来杀死害虫或病菌的方法。一般应在密闭条件下进行。主要用于防治温室大棚、仓库、蛀干害虫和种苗上的害虫。例如用磷化锌毒签熏杀天牛幼虫。

六、农药使用的注意事项

（一）配药时注意事项

（1）配药及加药换药时，要佩戴口罩、手套等防护用具，防止人体直接接触农药。

（2）每次往药箱中加药前，应将桶内药液用搅拌棒搅匀后再加药。

（3）配置农药最好使用干净清水，忌浑水、污水。

（二）配药后注意事项

农药使用完了，盛药的空瓶、空桶、空箱及其他包装品上，一般都沾上了农药，处理不当就可能引起中毒事故。因此，需做好以下工作。

（1）严禁乱丢乱放。空容器或包装品应随时集中、清点，统一回收利用。

（2）集中处理。对回收利用价值不大的，要集中处理，不能当做燃料生火、煮饭、烧水等。

（三）喷药时注意事项

（1）打药时间应避开中午、高温和植物光合作用旺盛期，温度高于30℃时打药易产生药害。打药时间应在晴天空气湿度低的早晨和下午进行。

（2）施药期间不准进食、饮水和抽烟。

（3）喷洒方向要顺风，操作者站在逆风向，倒退着喷洒农药。

（4）施用高毒农药，必须有两名以上人员操作；施药人员每日工作不超过6小时，连续施药不超过5天。

（5）施药时，不允许非操作人员和家畜在施区停留，凡施过药的区域，应设立警告标志。

（6）施药人员如有头痛、头昏、恶心、呕吐等中毒症状，应立即离开现场急救治疗。

（7）每次施药应记录天气状况、地点、用药时间、药剂品种、防治对象、用药量、兑水量。

参考文献

国家林业和草原局国有林场和种苗管理司，国家油茶科学中心．2018．油茶实用栽培技术［M］．北京：中国林业出版社．

王瑞，陈永忠．2015．我国油茶产业的发展现状及提升思路［J］．林业科技开发，29（4）：6-10．

黄志平，庞正轰，刘有莲，等．2015．广西油茶病虫害发生现状、趋势及防治对策［J］．广西林业科学，44（1）：8-11．

廖仿炎，赵丹阳，秦长生，等．2015．油茶枝干病虫害研究现状及防治对策［J］．广东林业科技，31（2）：114-124．

喻锦秀，聂云安，周刚，等．2014．湖南省油茶主要病害发生规律研究［J］．湖南林业科技，41（1）：94-97．

曹志华，束庆龙，张鑫．2011．油茶病害发生与识别［J］．安徽林业科技，37（1）：55-58．

何学友，熊瑜，蔡守平，等．2010．油茶害虫名录［J］．武夷科学，26：11-30．

黄敦元，王森．2010．油茶病虫害防治［M］．北京：中国林业出版社．

汪维，龚春，雷小林，等．2007．油茶主要害虫的生物学特性及防治［J］．江西植保，30（4）：198-199．

王道玲．2005．油茶有害寄生植物及其防治［J］．安徽林业（5）：44．

附录1 无公害农产品生产推荐农药品种

一、杀虫、杀螨剂

1. 生物制剂和天然物质

生物制剂：苏云金杆菌，白僵菌，解淀粉芽孢杆菌发酵菌的50～100倍液，农抗120微生物杀菌剂4%果树专用型600倍液，甜菜夜蛾核多角体病毒，银纹夜蛾多角体病毒，小菜蛾颗粒病毒，棉铃虫核多角体病毒。天然物质：大蒜液，0.4%低聚糖素200倍液喷雾，阿维菌素，苦参碱，印楝素，烟碱，苦皮藤素，多杀霉素，除虫菊素。

2. 合成制剂

（1）菊酯类：2.5%溴氰菊酯乳剂，氯氟氰菊酯，10%氯氰菊酯乳油，联苯菊酯，氰戊菊酯，甲氰菊酯，氯丙菊酯，20%杀灭菊酯乳油。

（2）氨基甲酸酯类：硫双威，丁硫克百威，抗蚜威，异丙威，速灭威，1%甲氨基阿维菌素苯甲酸盐乳油。

（3）有机磷类：辛硫磷，毒死蜱，马拉硫磷，三唑磷，杀螟硫磷，倍硫磷，丙硫磷，二嗪磷，亚胺硫磷。

（4）昆虫生长调节剂：灭幼脲，氟喹脲，氟铃脲，氟虫脲，除虫脲，25%噻嗪酮可湿性粉剂，抑食肼，虫酰肼，30%氯虫·噻虫嗪悬浮剂，5%氟啶脲乳油，25%噻虫嗪水分散粒剂。

（5）专用杀螨剂：四螨嗪，唑螨酯，三唑锡，炔螨特，噻螨酮，苯丁锡，单甲脒，双甲脒，73%克螨特乳油。

（6）其他：杀虫单，杀螟丹，甲氨基阿维菌素，啶虫脒，吡虫脒，灭蝇胺，丁醚脲，5%氯虫苯甲酰胺悬浮剂，20%氯虫苯甲酰胺悬浮剂，10%阿维·氟酰胺悬浮剂，25%吡蚜酮可湿性粉剂，98%棉隆微粒剂，

48%乐斯本乳剂，5%卡死克乳油，20%米满浓乳剂，5%抑太宝乳剂，25%敌杀死乳剂，25%灭铃皇乳油。

二、杀菌剂

1. 无机杀菌剂

石硫合剂，氧化亚铜，碱式硫酸铜，王铜，氢氧化铜。

2. 有机杀菌剂

2%春雷霉素水剂，农用链霉素2%，抗菌素，70%代森锰锌WP，宁南霉素，8%宁南霉素，2%井冈·蜡芽菌悬浮剂，4%井冈·蜡芽菌可湿性粉剂，1%申嗪霉素悬浮剂，1000亿活芽孢/g枯草芽孢杆菌可湿性粉剂，49%丙环·咪酰胺乳油，50%醚菌酯干悬浮剂，30%醚菌酯悬浮剂，66.8%丙森·缬霉威可湿性粉剂，25%吡唑醚菌酯乳油，43%戊唑醇悬浮剂，25%戊唑醇水乳剂，80%戊唑醇可湿性粉剂，10%苯醚甲环唑水分散粒剂，30%苯甲·丙环唑乳油，0.5%烷醇·硫酸铜水乳剂，50%氯溴异氰尿酸可溶粉剂，20%噻菌铜悬浮剂，20%粉锈宁WP，45%达科宁WP，47%加瑞农WP，80%新万生WP，可杀得2000，64%杀毒矾WP，50%扑海因，1.5%植病灵Ⅱ乳剂，10%施宝灵胶悬剂，80%大生WP。

三、除草剂

30%苯吡唑草酮悬浮剂，55%硝磺·莠去津悬浮剂，25%氟磺胺草醚水剂，30%氟磺胺草醚微乳剂，33%二甲戊灵乳油，2.5%氟磺草胺油悬浮剂，10%氰氟草酯乳油。

四、植物生长调节剂

0.136%赤·吲乙·芸苔可湿性粉剂，0.1%氯吡脲可溶液剂。

附录2 A级绿色农产品生产中禁止使用的农药种类

一、国家明令禁止生产、销售和使用的农药（23种）

六六六（HCH），滴滴涕（DDT），毒杀芬，二溴氯丙烷，杀虫脒，二溴乙烷，除草醚，艾氏剂，狄氏剂，汞制剂，砷类，铅类，敌枯双，氟乙酰胺，甘氟，毒鼠强，氟乙酸钠，毒鼠硅，甲胺磷，甲基对硫磷，对硫磷，久效磷，磷胺。

二、在果树、茶叶、中草药材上不得使用和限制使用的农药（17种）

禁止在果树、茶叶、中草药材上使用：甲拌磷，甲基异柳磷，特丁硫磷，甲基硫环磷，治螟磷，内吸磷，克百威，涕灭威，灭线磷，硫环磷，蝇毒磷，地虫硫磷，氯唑磷，苯线磷。禁止三氯杀螨醇和氰戊菊酯在茶树上使用。禁止销售和使用于其他方面的含氟虫腈成分的农药制剂。

任何农药产品都不得超出农药登记批准使用范围。

三、自2013年10月31日起，停止销售和使用的农药（10种）

苯线磷，地虫硫磷，甲基硫环磷，磷化钙，磷化镁，磷化锌，硫线磷，蝇毒磷，治螟磷，特丁硫磷。

四、绿色农产品使用新准则禁用农药（11种）

生物型农药：鱼藤酮（原药高毒）。

化学农药：百菌清，乐果，敌百虫，福美双，哒螨灵，三环唑，敌敌畏，氟硅唑，咪鲜胺，杀虫双。

附录3 A级绿色农产品生产允许使用的农药和其他植保产品清单

类别	组分名称	备注
I.植物和动物来源	楝素（苦楝、印楝等提取物，如印楝素等）	杀虫
	天然除虫菊素（除虫菊科植物提取液）	杀虫
	苦参碱及氧化苦参碱（苦参等提取物）	杀虫
	蛇床子素（蛇床子提取物）	杀虫、杀菌
	小檗碱（黄连、黄柏等提取物）	杀菌
	大黄素甲醚（大黄、虎杖等提取物）	杀菌
	乙蒜素（大蒜提取物）	杀菌
	苦皮藤素（苦皮藤提取物）	杀虫
	藜芦碱（百合科藜芦属和喷嚏草属植物提取物）	杀虫
	桉油精（桉树叶提取物）	杀虫
	植物油（如薄荷油、松树油、香菜油、八角茴香油）	杀虫、杀螨、杀真菌、抑制发芽
	寡聚糖（甲壳素）（稻瘟病用）	杀菌、植物生长调节
	天然诱集和杀线虫剂（如万寿菊、孔雀草、芥子油）	杀线虫
	天然酸（如食醋、木醋和竹醋等）	杀菌
	菇类蛋白多糖（菇类提取物）	杀菌
	水解蛋白质	引诱
	蜂蜡	保护嫁接和修剪伤口
	明胶	杀虫
	具有驱避作用的植物提取物（大蒜、薄荷、辣椒、花椒、薰衣草、柴胡、艾草的提取物）	驱避
	害虫天敌（如寄生蜂、瓢虫、草蛉等）	控制虫害

（续）

类别	组分名称	备注
Ⅱ.微生物来源	真菌及真菌提取物（白僵菌、轮枝菌、木霉菌、耳霉菌、淡紫拟青霉、金龟子绿僵菌、寡雄腐霉菌等）	杀虫、杀菌、杀线虫
	细菌及细菌提取物〔苏云金芽孢杆菌、枯草芽孢杆菌（苗期预防稻瘟病）、蜡质芽孢杆菌、地衣芽孢杆菌、多粘类芽孢杆菌、荧光假单胞杆菌、短稳杆菌等〕	杀菌、杀螨
	病毒及病毒提取物（核型多角体病毒、质型多角体病毒、颗粒体病毒等）	杀虫
	多杀霉素、乙基多杀菌素	杀虫
	春雷霉素（稻瘟病用）、多抗霉素、井冈霉素、链霉素、嘧啶核苷类抗菌素、宁南霉素、申嗪霉素和中生菌素	杀菌
	S-诱抗素	植物生长调节
Ⅲ.生物化学产物	氨基寡糖素、低聚糖素、香菇多糖	防病
	几丁聚糖	防病、植物生长调节
	苄氨基嘌呤、超敏蛋白、赤霉酸、羟烯腺嘌呤、三十烷醇、乙烯利、吲哚丁酸、吲哚乙酸、芸苔素内酯	植物生长调节
Ⅳ.矿物来源	石硫合剂	杀菌、杀虫、杀螨
	铜盐（如波尔多液、氢氧化铜等）	杀菌，每年铜使用量不能超过$6kg/hm^2$
	氢氧化钙（石灰水）	杀菌、杀虫
	硫黄	杀菌、杀螨、驱避
	高锰酸钾	杀菌，仅用于果树
	碳酸氢钾	杀菌
	矿物油	杀虫、杀螨、杀菌
	氯化钙	仅用于治疗缺钙症
	硅藻土	杀虫
	黏土（如斑脱土、珍珠岩、蛭石、沸石等）	杀虫
	硅酸盐（硅酸钠，石英）	驱避
	硫酸铁（三价铁离子）	杀软体动物

（续）

类别	组分名称	备注
V.其他	氢氧化钙	杀菌
	二氧化碳	杀虫，用于贮存设施
	过氧化物类和含氯类消毒剂（如过氧乙酸、二氧化氯、二氯异氰尿酸钠、三氯异氰尿酸等）	杀菌，用于土壤和培养基质消毒
	乙醇	杀菌
	海盐和盐水	杀菌，仅用于种子（如稻谷等）处理
	软皂（钾肥皂）	杀虫
	乙烯	催熟等
	昆虫性外激素	引诱，仅用于诱捕器和散发皿内
	磷酸氢二铵	引诱，只限用于诱捕器中使用

注1：该清单每年都可能根据新的评估结果发布修改单。
注2：国家新禁用的农药自动从该清单中删除。

附录4 常见农药的配制与应用

一、阿维菌素

1. 阿维菌素的特点

阿维菌素是一种比较广谱的农药，自从甲胺磷农药退市后，阿维菌素成为市场上较为主流的农药，阿维菌素以其优良的性价比，一直深受种植户喜欢，阿维菌素不仅是杀虫剂，而且是杀螨剂，还是杀线虫药剂。阿维菌素对捕食性昆虫和寄生天敌虽有直接触杀作用，但因植物表面残留少，因此对益虫的损伤很小。阿维菌素在土内被土壤吸附不会移动，并且被微生物分解，因而在环境中无累积作用，可以作为综合防治的一个组成部分。

2. 阿维菌素的剂型

农资市场经常见到0.5%、0.6%、1%、1.8%、2%、2.8%、5%的阿维菌素乳油，1%、1.8%可湿性粉剂，0.15%、0.2%高渗，0.5%高渗微乳油等。

3. 阿维菌素的配制

调制容易，将制剂倒入水中稍加搅拌即可使用，对作物亦较安全。不能与碱性农药混用。储存本产品应远离高温和火源。

4. 阿维菌素的使用方法

（1）防治鳞翅目害虫，在低龄幼虫期使用1000～1500倍2%阿维菌素乳油+1000倍1%甲维盐，可有效地控制其危害，药后14天的防效仍达90%～95%。

（2）防治螨虫和蚜虫，使用4000～6000倍1.8%阿维菌素乳油喷雾。

（3）防治根结线虫病，按每亩用500mL，防效达80%～90%。

5. 使用注意事项

（1）施药时要有防护措施，戴好口罩等。夏季中午时间不要喷药。

（2）该药无内吸作用，喷药时应注意喷洒均匀、细致周密。

（3）收获前20天停止施药。

（4）对鱼高毒，应避免污染水源和池塘等。

（5）对蚕高毒，桑叶喷药后40天还有明显毒杀蚕的作用。

（6）对蜜蜂有毒，不要在开花期施用。

二、多菌灵

1. 多菌灵的特点

多菌灵是一种广泛使用的广谱杀菌剂，为高效低毒内吸性杀菌剂，有内吸治疗和保护作用。可以有效防治由真菌引起的多种作物病害。可用于叶面喷雾、种子处理和土壤处理等。对人畜低毒，对鱼类毒性也低。

2. 多菌灵的剂型

主要剂型有40%多菌灵悬浮剂，25%、50%多菌灵可湿性粉剂。

3. 配制方法

容易配制。如将50%多菌灵药物原液（也就是农药母液）中加入500倍的水进行稀释。即1kg 50%多菌灵制剂加水500kg，即可得500倍药液。稀释的药液静置后会出现分层现象，需摇匀后使用。

原药在阴凉、干燥处贮存2～3年，有效成分不变。

4. 使用方法

（1）土壤消毒

一般土壤消毒，多菌灵最常见的方法就是搭配泥土使用，播种或移栽时配土使用可以对泥土进行消毒，起到预防土壤里滋生病菌的效果。

（2）植物伤口处理

在植物扦插、嫁接或者修剪时，植株都会出现伤口，可以直接在植株伤口处涂抹多菌灵粉末，然后将植株放置在阴凉通风处几天等伤口愈合，这样可起到防止病菌感染伤口的作用。

（3）防治油茶病害

用25%多菌灵可湿性粉剂250～500倍药液喷雾，每隔7～10天喷1次。至果实采收前30～40天停止用药，用于防治油茶叶、果部的炭疽病。

5. 多菌灵使用时的注意事项

（1）使用时须遵守农药使用防护规程，做好个人防护。

（2）多菌灵可与一般杀菌剂混用，但与杀虫剂、杀螨剂混用时要随混随用，不能与强碱性的药剂和铜制剂混用。应与其他药剂轮用。

（3）不要长期单一使用多菌灵，也不能与硫菌灵、苯菌灵、甲基硫菌灵等同类药剂轮用。对多菌灵产生抗（药）性的地区，不能采用增加单位面积用药量的方法继续使用，应坚决停用。

（4）与代森锰锌、代森铵、福美锌、五氯硝基苯、丙硫多菌灵、菌核净、溴菌清、乙霉威、井冈霉素等有混配剂；与敌磺钠、百菌清、武夷菌素等能混用。

（5）应在阴凉、干燥处贮存。

（6）施药后各种工具要注意清洗，包装物要及时回收并妥善处理，不要污染水域和环境。

附录5 油茶常见病虫害防治一览表

病虫害名称	危害症状	防治方法			
		营林措施	物理防治	生物防治	化学防治
油茶炭疽病	危害油茶的果实、叶片、枝梢、花芽和叶芽，染病后引起落蕾和落果，落果率常20%左右，严重时达50%以上。果实：典型病斑为黑褐色或标褐色圆斑，病果开裂易落。嫩叶：感病后，病斑呈云纹状，病斑中心灰白色，其上轮生小黑点。当年新抽梢，枝干上的病斑呈梭形溃疡或不规则下陷，剥去皮层，可见木质部变黑色。	选育抗病良种；清除油茶病株的病源；清理油茶园土壤病原菌；合理种植密度，加强抚育管理；林内避免种植高秆或半高秆作物；同作绿肥，追施有机肥和磷、钾肥，勿偏施氮肥；加强油茶种苗的产地检疫。		使用拮抗菌剂、农抗120微生物杀菌剂等生物制剂，可预防病害，预防效果好还可促进油茶生长。	定期喷洒1%波尔多液或50%多菌灵500倍液或退菌特300倍液3～4次。喷药时间为春季新梢生长后，病害中期（6月）和盛发期（8～9月）各1次；盛发期喷2次，即15天喷1次。药液中加入1%茶枯水能增加黏性。
油茶软腐病	危害油茶叶、果和芽，危害各幼嫩部位。病斑呈水渍状，如遇连续阴雨，叶肉腐烂，呈淡黄褐色，形成"软腐型"病斑，2～3天病叶即脱落。侵染后如遇天气转晴，病斑扩展缓慢黄褐色，形成"枯斑型"病斑，病叶不易脱落。病斑上易产生乳黄色或浅灰色的类似"小蘑菇状"的子实体。果与叶症状相同，病果开裂、脱落。	选育良种，严格检疫；选择土壤疏松、排水良好的圃地育苗；加强苗圃管理；种植混交林；冬季结合整枝修剪，清除越冬病叶、病果、病枯梢。		使用拮抗菌剂、农抗120微生物杀菌剂等生物制剂，可预防病害，预防效果好还可促进油茶生长。	第一次喷药在春梢展叶后抓紧进行，用1：1：100的波尔多液全株喷雾，以保护全株春梢叶片。雨水多，病害重的林分，5月中旬到6月中旬再喷1～2次，同隔期20～25天。

（续）

病虫害名称	危害症状	防治方法			
		营林措施	物理防治	生物防治	化学防治
油茶茶苞病	危害油茶的花芽、叶芽、嫩叶和幼果，产生肥大变形症状。花芽感病后，子房及幼果膨大成桃形，称为茶苞、茶桃，一般直径5～8cm，最大的直径达12.5cm。叶芽或嫩叶受害后肿大成肥耳状，严重发生时导致大量嫩梢枯死和落叶。	加强林地土肥水管理，提高林木的抗病能力，并进行复壮。整形修剪，及时剪除病枝病叶，保持林内通风透光，阻止病菌的发生蔓延。			新梢萌发结束，立即用1%波尔多液或全树用1%波尔多液合剂喷雾。在发病期间喷洒1：1：100波尔多液或0.5波美度石硫合剂使用3～5次，效果较好。
油茶烟煤病	危害油茶叶片、枝条，初期在油茶叶正面及枝条表面形成圆形黑色霉点，以后逐渐增多，形成较厚的一层黑色烟煤状物。严重危害时，油茶呈现一片黑色状。	选择优良的抗性品种，及早除去病虫枝，并烧毁，以免扩散蔓延。成林应注意修枝、间伐，保持适当的密度，使林内通风透光，既有利于开花坐果，又可减轻发病程度。此外，在林内栽植山苍子是防治烟煤病的有效措施。		在发生蚧虫和煤污病的林分中释放天敌。每株释放1～2头瓢虫，拮抗黑缘红瓢虫微生物防治。	在幼虫、蚧虫孵化盛期至2龄期前喷药，即用40%氧化乐果乳剂1000～2000倍液，或10%吡虫啉乳油800倍液，或50%三硫磷1500～2000倍液等防治。

油茶病虫害防治技术

（续）

病虫害名称	危害症状	防治方法			
		营林措施	物理防治	生物防治	化学防治
油茶根腐病	危害油茶幼苗，多发生在近地面的茎基部或根茎部，先侵染苗木根颈部，初期皮层出现暗褐色斑点，逐渐扩大成块状腐烂病斑，其表面产生白色绢丝状物，严重时变褐色枯萎，开花少，最后油茶树整株枯死。	加强管理，筑高床，及时松土，疏沟排水，与玉米、小麦等不易受侵害的禾本科作物进行轮作。	在炎热的季节，用透明的塑料薄膜覆盖于湿润的土壤上，促使土温升高，并足以致死菌核，从而达到防治的目的。	采用木霉菌、假单胞杆菌及链霉菌等微生物菌剂处理植物的种子或其他繁殖器官，有较明显的防治效果。	移栽前土壤消毒：用熟石灰或50%福美双等药剂进行处理，如多菌灵及福美双混合药剂，则消毒更加有效。发病初期，可使用50%多菌灵可湿性粉剂或50%根腐灵可湿性粉剂或30%恶霉灵进行防治。
油茶藻斑病	发生在油茶的老叶上，主要在叶片表面。发病部位出现稍隆起的毡状物，病斑上有略呈放射状的细纹，并有茸毛。在一个叶片上可产生多达数个或全叶片被藻斑布满。	加强油茶林清理，及时疏除徒长枝和病枝叶，适当修剪，促使林内通风透光，降低油茶林内温度，多施磷钾肥，增强树势，提高抗病力。			对发病严重的油茶林，可以在4~6月或采果季节于结束后，用1%波尔多液杀菌剂喷雾防治，可减轻病害的发生。
油茶半边疯病	危害油茶树干、大枝，发病后，树皮腐烂，形成溃疡状，石青状白粉层平铺于表面，病斑纵向发展快于横向发展，因而树木半边枯死。	加强抚育管理，造林密度不要过大，以便通风透光，促进油茶生长健壮，增强抗病力。结合油茶冬垦和修剪，彻底清除病株、病枝，不要修剪大枝，集中烧埋。			修剪和机械损伤的伤口应刮光滑，再涂抹波尔多液消毒，然后涂油漆或塑料包扎，以防病菌入侵。对轻病枝干，应及时刮治，然后涂波尔多液保护。

（续）

病虫害名称	危害症状	防治方法			
		营林措施	物理防治	生物防治	化学防治
茶籽象甲	危害油茶果，以幼虫蛀害籽仁，造成大量落果，幼虫取食各茶果，成虫取食茶果、表皮，使嫩梢枯死。	选择抗虫品种。冬挖夏铲，林粮间作，修枝抚青。在7～9月的落果高峰期，定期收集落果，并集中烧毁，以消灭大量幼虫。	在5～6月的早上8～11时和下午3～5时，人工捕杀成虫。在树上挂糖醋液诱杀。	用白僵菌或绿僵菌剂喷治成虫。利用山雀等天敌防治。	在成虫盛发期，可选用绿色威雷300倍液或噻嗪杀成虫500倍液喷施1～2次。喷药时注意将地面喷湿。幼虫出果期干地面和土壤撒施药粉，石灰对其杀灭。
油茶毒蛾	幼虫取食叶片，也取食嫩枝、树皮、幼果等，使油茶枯死或大量减产。幼虫体长11～20mm，4～11节两侧各有黑瘤突起两对，背上一对较大，瘤上簇生黄色毒毛。	选用抗虫优质苗木造林，施足有机肥，制氮肥的施用，提高茶树抗病虫能力。加强林间管理，及时剪去过密的交叉枝，重叠枝和病虫枝等，培养良好的树体结构。	用频振式杀虫灯诱杀成虫。及时摘除并深埋油茶毒蛾卵块；捕杀幼龄幼虫。	可在1～3龄幼虫期，用苏云金杆菌制剂、苦参碱、鱼藤酮等生物药剂防治；当虫口密度较高时，在早、晚或雨水后喷撒白僵菌粉。保护茶毛虫黑卵蜂、赤眼蜂、茶毛虫绒茧蜂等天敌。	幼虫发生期，于3龄前可用0.2%阿维菌素2500～3000倍液或甲维盐药剂600～800倍液对虫体喷雾进行防治。
油茶尺蠖	以幼虫危害叶片，危害严重时，老叶及嫩叶，嫩茎全被吃光，造成油茶树仅剩枝干，逐渐枯死，幼虫在树上爬走的时候，身体一伸一宿，好像量步一样。	实行轮作；秋、冬季复进行培土，给各县合理复垦，将蛹埋在6cm以下土中，使之不易羽化。合理使用氮肥、增施磷肥，定植后及时追肥。	在油茶林边缘设置黑光灯，诱杀成虫。在幼虫群集为害时，用竹竿震动树枝时，将吐丝下垂的幼虫杀灭。	用白僵菌、苏云金杆菌每毫升1亿～2亿孢子的菌液进行防治；保护竹青蛙、保护竹鸡、姬蜂、土蜂等油茶尺蠖蜂的天敌。	在幼虫2～3龄期，可喷洒1.8%阿维菌素乳油，15%吡虫啉可湿性粉剂，1.2%苦烟乳油进行防治。

（续）

病虫害名称	危害症状	营林措施	防治方法		
			物理防治	生物防治	化学防治
茶梢蛾	幼龄幼虫潜食叶肉，形成半透明潦黄色的虫斑，长大后由叶片正面至下枝梢内蛀食，嫩梢调萎枯死。一条幼虫可以加害多个枝梢，在往往造成满树枝枯黄，不能正常形成花芽。被蛀枝梢有蛀孔。	调运苗木时要加强检验，防止传播蔓延。	冬春季节全园修剪，修剪的虫梢集中烧毁。利用黑灯光诱杀。	越冬幼虫转龄蛀时，用孢子2×10^8个孢子/mL的白僵菌喷雾或喷粉，利用天敌蜂乳治，如小茧蜂、大山雀、蚂蚁等。	药剂可选用90%敌百虫晶体1000倍液，50%巴丹粉剂1500倍液或2.5%天王星乳油2500倍液等。喷药时务必将有虫斑的叶背喷湿。
油茶织蛾	是油茶重要的钻蛀性害虫之一，幼虫藏于枝下内，危害隐蔽，幼虫从上而下蛀食茶嫩枝干，在危害枝上形成排泄孔，排泄孔下方叶面或地面有棕色圆柱形颗粒状虫粪。	每年8月剪除被害枯枝，集中烧毁。对较密的油茶林应加以疏伐与修剪，控制在每亩60~100株，保证林内通风透光。	成虫趋光性强，在虫口密度大时，可在羽化盛期进行灯诱。	用苏云杆菌含孢子数0.5亿~1亿个/mL的菌液防治3~4龄幼虫。油茶织蛾天敌主要以保护茧蜂等寄生天敌防治。	于幼龄幼虫危害期即可喷洒阿维菌素或鱼藤精300~400倍液进行防治。油茶织蛾幼虫钻到树体内蛀食危害茶枝干，化学防治的效果不是很明显。
黑跗眼天牛	幼虫蛀害枝干，常绕茶树皮层一周，然后常形成节结，被害枝干常形成节结，成虫咬食叶片主脉，引起叶片枯黄脱落。	选育抗虫品种；结合修剪，油茶林抚育，灭虫。	用灯光诱杀成虫。因成虫产卵痕清晰，可于4月底5月初，用锤击产卵刻槽，以杀死卵。	林间释放白僵菌粉炮或喷施肿腿蜂或金龟扁蓉蝇；或把百部根切成4~6cm长或半夏的茎叶切碎后塞进虫孔。	4月下旬至6月上旬，在成虫活动及产卵高峰期，用绿色威雷300倍液或8%的氯氰菊酯微胶囊剂300~500倍液喷杀成虫。

（续）

病虫害名称	危害症状	防治方法			
		营林措施	物理防治	生物防治	化学防治
绿鳞象甲	幼虫孵化后钻入土中10～13cm深处，取食土壤中有机质细根。成虫取食林木的嫩枝、芽、叶，造成缺刻或孔洞，叶片残缺不全，甚至咬断新梢、花序梗和果柄，造成大量落花落果。	清除油茶林内及周围杂草，在幼虫期与蛹期结合中耕，可杀死部分幼虫和蛹。	用胶粘涂在树干基部，象甲上树时即被粘住。	可选用白僵菌菌粉拌细土撒施于土表。	成虫盛发期，喷洒90%巴丹可湿性粉剂1000倍，或50%的辛硫磷800～1000倍释液，或敌百虫100倍液进行防治。
油茶枯叶蛾	虫体大，危害剧烈。初龄幼虫喜群集取食，吐丝结成袋状薄膜群居；危害严重时将整株残成片油茶叶片吃光。	结合垦复，培土并打实，使土中蛹不能羽化。适当密植，抚育施肥，修剪密度过大的林地。	利用成虫的趋光性，采用黑光灯诱杀。	用白僵菌、油茶枯叶蛾多角体病毒、BT可湿性粉剂等生防药剂防治，卵期可以利用天敌赤眼蜂。	低龄幼虫盛期喷洒25%灭幼脲Ⅲ号1500倍液，或1%阿维菌素2000倍液，或0.36%苦参碱1000倍液，或50%马拉硫磷乳油1000倍液等。
油茶叶蜂	幼虫咀食油茶的春梢叶片，偶尔也咀食油茶的老叶和春梢嫩枝，严重时将整株油茶新老叶吃光。大发生时，油茶新老叶全被吃光，严重影响油茶产量。	营造混交林；结合冬季垦复，消灭幼虫或蛹。	用幼虫的集中性及假死性，在3龄后，用塑料布摊在树下，摇落幼虫进行人工捕杀。	用浓度为1亿孢子/mL的白僵菌喷撒防治。	在幼虫爬出芽苞后，每亩用2.5%溴氰菊酯5000倍液喷杀，或用40%的辛戈水分散粒剂或乳油3000倍液喷雾芽苞和叶防治。

（续）

病虫害名称	危害症状	防治方法			
		营林措施	物理防治	生物防治	化学防治
茶刺蛾	幼虫取食叶片，轻则将叶背表皮和叶肉啃焦状不规则，留下圆形或不规则形或成咬食成孔洞，重则将叶片全部吃光，导致茶树死亡。	在结合冬垦深翻时，将上层表土与枯枝落叶一并翻入底层，将翻上的底层土覆于表面，这样可杀死大部分虫蛹。	夏季低龄幼虫群集危害时，摘除虫叶，人工捕杀成虫。利用灯光诱杀成虫。	幼龄幼虫期用白僵菌或苏云金杆菌防治，或用茶刺蛾核型多角体病毒。	在2~3龄幼虫发生初期使用15%的虫威乳油2500~3500倍液，24%溴虫腈悬浮剂1500~1800倍液、10%联苯菊酯油乳3000~6000倍液喷雾防治。
金龟子	幼虫损害油茶的根部和地下茎等地下组织，成虫损害芽、嫩叶等，常造成整株叶片被食光，影响树势及当年产量。	使用充分腐熟的有机肥。	利用金龟子成虫的假死性摇撼树枝，然后迅速将震落的金龟子搜集扑杀。		可用70%辛硫磷乳油500倍液浇灌油茶基部土壤。或在金龟子为害时，用菊酯类药喷雾，让金龟子身体着药。
白蚁	主要是黄翅大白蚁和黑翅土白蚁。危害时间是4月中旬至12月中下旬。取食树皮、边皮部、韧皮木，从风折木、雪压木，带有伤口处危害，蛀口粗糙，带有粪粒，常引起材质降低，利用率小。		黑翅土白蚁、黄翅大白蚁的成虫都有较强的趋光性。可在每年4~6月间有翅成虫光灯飞期，采用黑光灯和其他灯光诱杀。	可以使用金龟子绿僵菌、球孢白僵菌等菌粉防治。	造林地和新设苗圃发现白蚁，用喷粉枪轻轻喷施70%灭蚁灵粉剂。幼苗、插条、幼树根际遭到土栖白蚁危害时，用1%的氯丹孔剂喷雾。

（续）

病虫害名称	危害症状	防治方法			
		营林措施	物理防治	生物防治	化学防治
茶角胸叶甲	该虫是近年南方油茶产区危害成灾的新害虫。成虫咬食油茶新梢嫩叶或成叶，则呈排列不规则的小洞，危害成熟叶中下部叶片，严重发生时整个油茶植株中下部叶片，出现大量叶片掉落干枯百孔的现象。	在冬季或早春进行垦复，破坏幼虫和蛹的越冬栖息场所，致其死亡。成虫盛发期清除林地的枯枝落叶和卵，消灭其中的成虫和卵，加强检疫，培育抗虫品种。	利用成虫的假死特性，在成虫盛发期的早晚，将涂有黏着剂的薄膜摊放在油茶树下，然后摇动油茶树，或用小竹竿轻敲，虫即掉落在薄膜上，再集中消灭。	可选用白僵菌、绿僵菌、苏云金杆菌等生物杀虫粉剂拌细土撒施于油茶林土表，防治幼虫和蛹。	成虫期可选用2%噻虫啉微胶囊悬浮剂1000~3000倍液，或50%马拉硫磷1000倍液，或4%联苯菊酯油3000~4000倍液，或2.5%溴清菊酯油3000~5000倍液，或5%锐劲特悬浮剂1000~1500倍液等进行喷雾。
油茶绵蚧	该虫分布于枝干、叶片上，吸取汁液，排泄蜜露导致油茶煤污病菌的繁殖，发生煤污病，严重影响油茶叶生长，造成落叶、落花、落果，重者全株死亡。	对油茶进行整枝修枝、除草，改善林内通风透光的条件，抑制油茶绵蚧的发生发展。		人工饲养繁殖其天敌瓢虫，在林间释放。	在幼虫孵化盛期至2龄前喷药，即10%吡虫啉乳油800倍液，或50%三硫磷1500~2000倍液等除治。
黑刺粉虱	黑刺粉虱若虫群集在寄主的叶片背面吸食汁液，引起叶片因其排泄物可以诱发烟煤病，营养不良造成早落，严重污染枝、果受到污染，严重影响产量和质量。	剪除密集的虫害枝，使果园通风透光，及时中耕、施肥，增强树势，提高植株抗虫能力。	成虫有趋光性，可灯光诱杀。	以保护寄生蜂和瓢虫，有条件的可释放粉虱黑蜂，还可利用寄生真菌。	在若虫盛孵期施药，重点喷油茶丛下部的叶背，选择好药剂。药剂选用2.5%吡虫啉2000倍液，或成虫2.5%阿克泰2500倍液；成虫期用1.8%阿维菌素2500倍液。